Theoretische und experimentelle Untersuchungen an Ballonmodellen.

Inaugural-Dissertation

zur

Erlangung der Doktorwürde

der

Hohen Philosophischen Fakultät

der

Georg-August-Universität zu Göttingen

vorgelegt von

Georg Fuhrmann

Diplom-Ingenieur aus Hannover.

Verlagsbuchhandlung von Julius Springer in Berlin.

1912.

ISBN-13: 978-3-642-48496-4 e-ISBN-13: 978-3-642-48563-3
DOI: 10.1007/978-3-642-48563-3

Tag der mündlichen Prüfung: 6. März 1912.

Referent: Herr Prof. Dr. L. **Prandtl.**

Sonderabdruck aus:

Jahrbuch der Motorluftschiff-Studiengesellschaft 1911—1912.

A. Theoretischer Teil.

I. Allgemeines über Flüssigkeitswiderstand.

Wenn sich ein Körper in einer Flüssigkeit bewegt, die ihn allseitig umgibt, so hat er einen von der Geschwindigkeit abhängigen Bewegungswiderstand zu überwinden, dessen Ursachen zweierlei Art sind. Einerseits zwingt der Körper bei seiner Bewegung die Flüssigkeitsteilchen zum Ausweichen und muß daher an diese Kräfte übertragen, die umgekehrt seine Bewegung zu hemmen suchen; andererseits treten beim Entlangströmen der Flüssigkeit an der Körperwandung Reibungskräfte auf, die ebenfalls auf den Körper eine verzögernde Wirkung ausüben. Der erste Teil des Widerstandes stellt die Resultierende der von der Flüssigkeit auf den Körper ausgeübten Normalkräfte dar, man bezeichnet ihn als den Formwiderstand; den zweiten Teil des Widerstandes, der die Resultierende der Tangentialkräfte bildet, nennt man den Reibungswiderstand.

Wenn man einen Körper mit möglichster Geschwindigkeit durch eine Flüssigkeit bewegen will, so handelt es sich darum, ihm eine solche Form zu geben, daß der gesamte Widerstand möglichst gering wird; um so geringer wird dann der Energieverbrauch bei der Bewegung. Diese Aufgabe spielt eine große Rolle bei der Konstruktion von Luftschiffen und Flugmaschinen, ferner auch von Unterseebooten und Torpedos.

Die theoretische Hydrodynamik lehrt, daß die Bewegung eines Körpers in einer reibungs- und wirbelfreien Flüssigkeit ohne Widerstand vor sich geht; die Reibungskräfte fallen ohne weiteres fort und die Normaldrücke, die die Flüssigkeit auf die Elemente der Körperoberfläche ausübt, ergeben keine bewegungshemmende Resultierende, sondern heben sich in der Gesamtheit gegenseitig auf. Von diesem idealen Fall ist die wirkliche Bewegung weit entfernt, man kann aber den Widerstand eines Körpers durch passende Formgebung bis zu einem gewissen Grade herabdrücken, und zwar wird dabei im wesentlichen der Formwiderstand vermindert werden, da der Reibungswiderstand in der Hauptsache durch die Größe der Körperoberfläche bedingt ist. Der Formwiderstand wird dann ein Minimum sein, wenn die Verteilung der von der Flüssigkeit auf die Körperoberfläche ausgeübten Drücke der für die ideale Flüssigkeit geltenden möglichst nahe kommt, denn letztere liefert den Formwiderstand Null.

Der Widerstand eines Körpers bei der Bewegung in einer Flüssigkeit wächst im allgemeinen etwa mit der zweiten Potenz der Geschwindigkeit, und zwar besonders dann, wenn der Widerstand groß ist; ist aber der Gesamtwiderstand klein, so daß als Ursache des Widerstandes die Reibung in den Vordergrund tritt, so ist bekannt, daß der Widerstand langsamer als das Quadrat der Geschwindigkeit wächst[1]).

Im folgenden soll die Strömung um solche Körper untersucht werden, deren Widerstand von vornherein als klein anzunehmen ist. Die Form der Körper soll etwa den im Luftschiffbau üblichen Formen nachgebildet werden, und zwar soll sie so angenommen werden, daß eine Berechnung der Strömung und insbesondere der Druckverteilung für die ideale Flüssigkeit möglich ist. Diese Körper sollen dann in einem künstlichen Luftstrom untersucht werden, um zu prüfen, wie weit die wirkliche Strömung der berechneten nahe kommt, es soll eine Trennung der beiden Teile des Widerstandes versucht und die Abhängigkeit des Widerstandes von der Geschwindigkeit untersucht werden.

II. Hydrodynamische Grundlagen.

Eine stationäre Flüssigkeitsströmung läßt sich dadurch beschreiben, daß man für jeden Punkt des Raumes die drei Strömungskomponenten u, v, w angibt; dadurch ist die resultierende Geschwindigkeit V nach Größe und Richtung definiert. Wir können nun in der Strömung Linien so ziehen, daß sie für jeden Punkt des Raumes die Richtung der dort herrschenden Geschwindigkeit angeben. Diese Linien nennt man Stromlinien. Bei einer stationären Strömung stellen sie gleichzeitig die Bahnen der Flüssigkeitsteilchen dar. Handelt es sich um die wirbelfreie Strömung einer inkompressiblen, reibungsfreien Flüssigkeit, so lassen sich die Geschwindigkeitskomponenten als partielle Differentialquotienten eines Potentials Φ nach den betreffenden Richtungen darstellen:

$$u = \frac{\partial \Phi}{\partial x}, \qquad v = \frac{\partial \Phi}{\partial y}, \qquad w = \frac{\partial \Phi}{\partial z}$$

Aus der Kontinuitätsbedingung, daß pro Zeiteinheit in ein Raumelement dieselbe Flüssigkeitsmenge einströmen muß, wie andererseits aus demselben austritt, ergibt sich dann für Φ die bekannte Laplacesche Differentialgleichung:

$$\frac{\partial^2 \Phi}{\partial x^2} + \frac{\partial^2 \Phi}{\partial y^2} + \frac{\partial^2 \Phi}{\partial z^2} = 0$$

Zwischen dem Flüssigkeitsdruck p an irgend einer Stelle und der dort herrschenden Geschwindigkeit V besteht, wenn man von Schwerkräften absieht, für die stationäre Strömung die als Bernoullische Gleichung bekannte Beziehung:

$$p + \frac{\rho V^2}{2} = \text{const}$$

Im Fall der ebenen (zweidimensionalen) Strömung, die wir zunächst betrachten wollen, vereinfacht sich die Laplacesche Gleichung zu:

$$\frac{\partial^2 \Phi}{\partial x^2} + \frac{\partial^2 \Phi}{\partial y^2} = 0$$

[1]) Lanchester, Aerodynamik (deutsch von C. und A. Runge), Bd. I, S. 43 u. 53.

Wir wollen nun mit Ψ die Flüssigkeitsmenge bezeichnen, die pro Zeiteinheit in einer Schicht von der Dicke Eins eine Linie s durchströmt; es ist also $\Psi = \int_a^b v_n \, ds$, wobei v_n die Geschwindigkeitskomponente senkrecht zu ds ist (Fig. 1). Ψ sei positiv gerechnet, wenn man, von a nach b blickend, die Flüssigkeit von links nach rechts strömen sieht. Denken wir uns ds als Element einer Stromlinie, so ist in diesem Falle v_n gleich Null, also $d\Psi = 0$, mithin $\Psi = \text{const}$. Die Linien $\Psi = \text{const}$ stellen also die Stromlinien dar. Die Funktion Ψ bezeichnet man als Stromfunktion, sie muß ebenfalls der Laplaceschen Gleichung genügen, für sie gilt also auch:

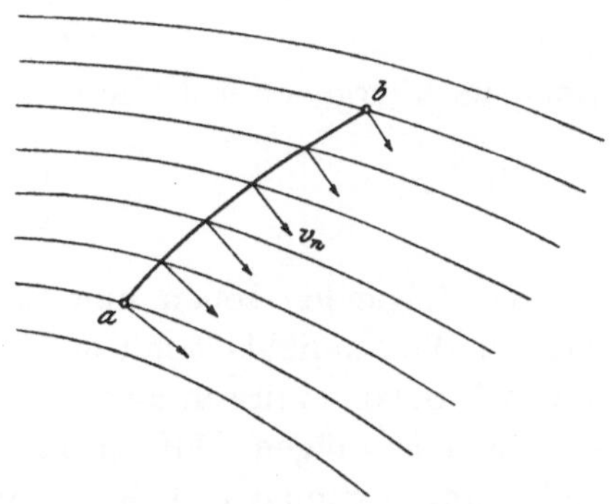

Fig. 1. Ebene Strömung durch eine Linie a b.

$$\frac{\partial^2 \Psi}{\partial x^2} + \frac{\partial^2 \Psi}{\partial y^2} = 0$$

Auch aus der Stromfunktion lassen sich die Geschwindigkeitskomponenten ableiten, es ist nämlich:

$$u = \frac{\partial \Psi}{\partial y}, \quad v = -\frac{\partial \Psi}{\partial x}.$$

Zeichnen wir die Linien gleichen Potentials ($\Phi = \text{const}$) und die Stromlinien ($\Psi = \text{const}$), so sind die beiden Kurvenscharen, wie bekannt, orthogonal.

Wir wollen nun zu einem andern zweidimensionalen Problem übergehen, wo die Strömung symmetrisch zu einer Achse verläuft; diese Achse wollen wir als X-Achse annehmen, und y sei die senkrechte Entfernung eines Punktes von der Achse. Es sei also $u = \frac{\partial \Phi}{\partial x}$ die Geschwindigkeitskomponente parallel der X-Achse, $v = \frac{\partial \Phi}{\partial y}$ die radiale Komponente, dann haben u bzw. v für alle Punkte, welche in einer zur X-Achse senkrechten Ebene liegend gleichen Abstand von ihr haben, die gleichen Werte. Auf ein Volumelement angewandt, welches durch Rotation eines Flächenelementes dx . dy um die X-Achse entsteht, liefert die Kontinuitätsbedingung für Φ die Differentialgleichung:

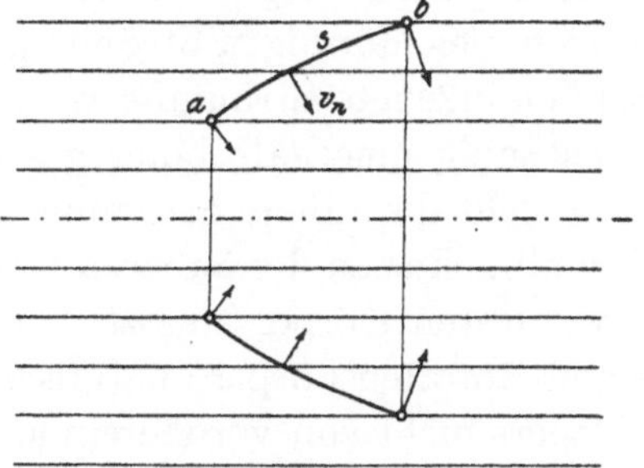

Fig. 2. Strömung durch eine Rotationsfläche.

$$\frac{\partial^2 \Phi}{\partial x^2} + \frac{\partial^2 \Phi}{\partial y^2} + \frac{1}{y} \frac{\partial \Phi}{\partial y} = 0.$$

Bei dieser axial-symmetrischen Strömung existiert ein Analogon zu der Stromfunktion der ebenen zweidimensionalen Strömung. Wir wollen nach Stokes mit $2\pi\Psi$ den Fluß durch eine Fläche bezeichnen, die durch Rotation einer Kurve s um die X-Achse entsteht. Die Gleichung $\Psi = \text{const}$ stellt dann die Rotationsflächen dar, längs deren die Strömung verläuft (Fig. 2). Für die Stromfunktion gilt jetzt aber nicht mehr dieselbe Differentialgleichung wie für das Potential Φ, sondern Ψ muß der Bedingung gehorchen:

$$\frac{\partial^2 \Psi}{\partial x^2} + \frac{\partial^2 \Psi}{\partial y^2} - \frac{1}{y}\frac{\partial \Psi}{\partial y} = 0,$$

und aus Ψ ergeben sich die Geschwindigkeitskomponenten nach den Gleichungen:

$$u = \frac{1}{y}\frac{\partial \Psi}{\partial y}, \qquad v = -\frac{1}{y}\frac{\partial \Psi}{\partial x}.$$

Im folgenden sollen nun Strömungen um solche Rotationskörper behandelt werden, die Ähnlichkeit mit den Tragkörpern von Lenkballonen haben. Zur Lösung dieses Problems müssen also die Funktionen Φ und Ψ so bestimmt werden, daß sie erstens den obigen Differentialgleichungen und zweitens den gegebenen Randbedingungen genügen, d. h. es muß im Unendlichen die Strömung parallel der X-Achse erfolgen, und es muß außerdem die Oberfläche des Körpers selbst eine Stromfläche sein. Da es bei gegebenen Körpern kein analytisches Verfahren zur Ermittlung von Φ und Ψ gibt, so wollen wir hier einen anderen Weg einschlagen, der bereits früher von Rankine betreten ist, um die Strömung zunächst um geschlossene Kurven, dann aber auch um Rotationskörper zu ermitteln.

Rankine[1]) ersetzt den betreffenden Körper durch ein System von Quellen und Senken. Als Quelle bezeichnet man einen Punkt des Raumes, von dem aus die Flüssigkeit nach allen Seiten radial auseinanderfließt, als Senke einen solchen, wo die Flüssigkeit, von allen Seiten radial zusammenströmend, verschwindet (s. Fig. 3). Das System der Quellen und Senken muß so angenommen werden, daß die gesamte von den Quellen pro Zeiteinheit gelieferte Flüssigkeitsmenge gerade von den Senken wieder aufgenommen wird. Kombiniert man dies System mit einer geradlinigen gleichförmigen Strömung, so ergibt sich folgendes. Die von den Quellen und Senken erzeugte Strömung wird durch die Hinzufügung der geradlinigen Strömung vollständig innerhalb einer geschlossenen Rotationsfläche zusammengedrängt, um diese geht die äußere Strömung wie um einen festen Körper herum. Man kann sich deshalb, ohne an der äußeren Strömung etwas zu ändern, die innere Strömung durch einen festen Körper ersetzt denken; es bietet sich so ein Mittel, die Strömung um einen Rotationskörper analytisch zu behandeln. Allerdings kann man die Form des Körpers nicht von vornherein annehmen, diese ergibt sich erst aus der Kombination der Quellenströmung mit der geradlinigen. Je nach dem Verhältnis der Intensitäten

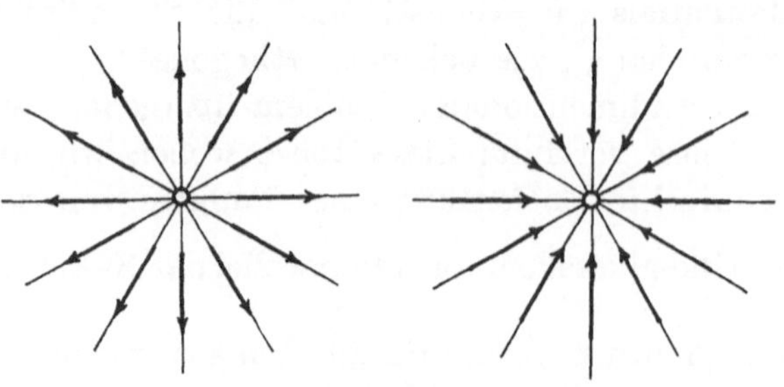

Fig. 3. Quelle und Senke.

[1]) W. J. M. Rankine, On Plane Water Lines in Two Dimensions. Philosophical Transactions 1864. S. 369.

W. J. M. Rankine, On the Mathematical Theory of Stream Lines, especially Those with Four Foci and upwards. Philosophical Transactions 1871. S. 267.

der beiden Strömungssysteme erhält man eine Reihe von Formen von verschiedenem Streckungsverhältnis, denn je intensiver die äußere Strömung im Vergleich zu der des Quellensystems ist, desto mehr wird die innere Strömung zusammengedrängt und um so schlanker wird der das innere System enthaltende Rotationskörper. Rankine benutzt nur punktförmige Quellen bzw. Kombinationen von solchen und symmetrisch dazu angeordnete Senken, erhält also nur symmetrische Strömungen. Dies Verfahren soll jetzt erweitert werden, indem außer der punktförmigen Quelle auch Quellsysteme, deren Intensität längs einer Strecke kontinuierlich verteilt ist, benutzt werden sollen, um mit deren Hilfe die theoretische Strömung um lenkballonförmige Körper zu ermitteln.

Die von der punktförmigen Quelle gelieferte Strömung verläuft radial nach allen Seiten, die Stromlinien sind gerade Linien. Die Kontinuitätsbedingung fordert, daß pro Zeiteinheit durch alle der Quelle umschriebenen Kugeln das gleiche Flüssigkeitsvolumen strömt, die radiale Geschwindigkeit muß also umgekehrt proportional dem Quadrat des Abstandes abnehmen. Dieser Bedingung wird genügt, wenn wir für das Potential den Ansatz machen:

$$\Phi = -\frac{c}{r} = -\frac{c}{\sqrt{x^2 + y^2}};$$

denn dann wird die Geschwindigkeit in radialer Richtung: $V_r = \frac{\partial\Phi}{\partial r} = \frac{c}{r^2}$

Die gesamte pro Zeiteinheit von der Quelle gelieferte Flüssigkeitsmenge oder die „Ergiebigkeit" der Quelle ist dann gleich $4\pi c$. Auf die Achse bezogen, sind die Komponenten der Strömung (s. Fig. 4):

$$u = \frac{c \cdot x}{r^3}, \quad v = \frac{c \cdot y}{r^3},$$

wenn wir den Quellpunkt als Koordinatenanfangspunkt nehmen. Geben wir dem Potential das positive Vorzeichen, so liefert es die entgegengesetzte Strömung, also eine solche, die von allen Seiten radial zusammenströmend in einer Senke verschwindet.

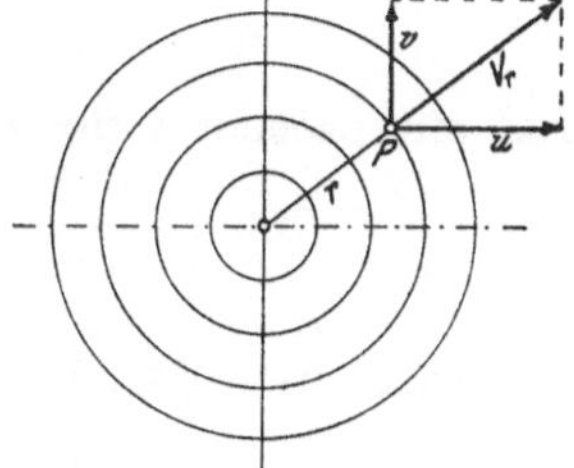

Fig. 4. Strömungskomponenten.

Wir wollen nun zunächst die einfache punktförmige Quelle mit einer gleichförmigen geradlinigen Strömung kombinieren, um an diesem einfachsten Beispiele das später anzuwendende Verfahren zu erläutern. Da zunächst noch keine Senke verwendet wird, so erhalten wir nicht die Strömung um einen geschlossenen Körper, sondern um einen „Halbkörper", der sich in Richtung der positiven X-Achse ins Unendliche erstreckt. Für die geradlinige Strömung lautet das Potential:

$$\Phi = a\,x,$$

dies liefert $u = a$, $v = 0$ für sämtliche Werte von x und y. Für die kombinierte Strömung lautet infolgedessen das Potential:

$$\Phi = \Phi_1 + \Phi_2 = a\,x - \frac{c}{r},$$

und die Strömungskomponenten sind:

$$u = \frac{\partial\Phi}{\partial x} = a + \frac{c\,x}{r^3}$$

$$v = \frac{\partial\Phi}{\partial y} = \frac{c\,y}{r^3}.$$

Die Form der Rotationsfläche, welche die innere Strömung umschließt, läßt sich folgendermaßen ermitteln:

Legen wir (s. Fig. 5) senkrecht zur Achse einen beliebigen Querschnitt, so begrenzt dieser mit dem links von ihm gelegenen Teile der Rotationsfläche einen geschlossenen Raum. Da die Rotationsfläche selbst eine Stromfläche ist, so kann aus ihr keine Flüssigkeit austreten und der Fluß durch den Querschnitt muß deshalb gerade gleich der Ergiebigkeit der Quelle oder, wenn statt der punktförmigen Quelle ein beliebiges Quellensystem vorhanden ist, gleich der Ergiebigkeit des Teiles des Quellsystems sein, der sich in dem abgeschlossenen Raume befindet. Bei der punktförmigen Quelle ist deshalb für positive Werte von x der Fluß durch den Querschnitt stets gleich der Ergiebigkeit der Quelle, für negative Werte ist er dagegen Null, da der abgeschlossene Raum keine Quelle enthält. Demnach ist für $x > 0$:

$$2\pi\Psi = \int_0^y 2\pi\, y\, dy\, u = 4\pi c$$

oder:

$$\int_0^{y^2} u\, d(y^2) = 4c$$

und entsprechend für $x < 0$:

$$\int_0^{y^2} u\, d(y^2) = 0.$$

Setzt man den Wert von u ein, so bekommt man:

$$a \int d(y^2) + c\,x \int \frac{d(y^2)}{(x^2 + y^2)^{3/2}} = 4c \text{ für } x > 0$$

oder

$$a\,y^2 - \frac{2\,c\,x}{r} + 2c = 4c$$

$$\frac{a}{c}\,x^2 - \frac{2x}{r} = 2.$$

Setzt man für y^2 hier $(r^2 - x^2)$ ein, so erhält man eine quadratische Gleichung für x, deren Lösung für $x > 0$ lautet:

$$x = r - \frac{2c}{a\,r}.$$

Dieselbe Beziehung ergibt sich auch für $x < 0$, nur ist dann $\left|\frac{2c}{a\,r}\right| > r$. Man kann somit für jeden Wert von r den entsprechenden Wert von x (und auch von y) berechnen und so die Erzeugende der einhüllenden Fläche punktweise konstruieren.

Diese Fläche nähert sich mit zunehmendem x asymptotisch einem Zylinder an, dessen Radius y_1 sich aus der Beziehnug ermitteln läßt, daß für $x = \infty$ u gleich a wird. Da die den Zylinder durchströmende Flüssigkeitsmenge pro Zeiteinheit wieder gleich der Ergiebigkeit der Quelle ist, so muß sein:

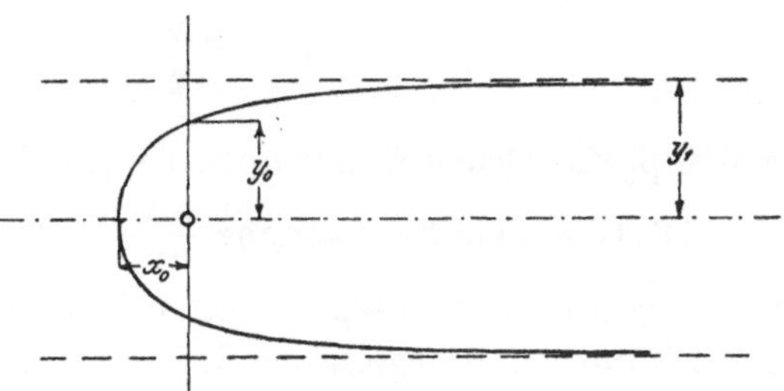

Fig. 5. Strömung um den Halbkörper.

$$y_1^2 \pi a = 4 \pi c.$$

Hieraus:

$$y_1 = 2 \sqrt{\frac{c}{a}}.$$

Im Scheitel der Fläche ($x = x_0$) muß u gleich Null sein, also:

$$a - \frac{c}{x_0^2} = 0.$$

Dies liefert:

$$|x_0| = + \sqrt{\frac{c}{a}} = \frac{y_1}{2}.$$

Für $x = 0$ wird $y_0 = r_0$, also bekommt man:

$$0 = y_0 - \frac{2c}{a y_0}$$

$$y_0 = \sqrt{\frac{2c}{a}} = |x_0| \sqrt{2}.$$

Die Gleichung der Kurve läßt sich auch auf die Form bingen:

$$x = \frac{2y^2 - y_1^2}{2\sqrt{y_1^2 - y^2}};$$

hieraus findet man den Krümmungsradius im Scheitel zu $\frac{4}{3} |x_0|$.

Dieselbe Aufgabe ist von Dr. H. Blasius[1]) unter Anwendung von Polarkordinaten (r, ϑ) behandelt worden, er bekommt die Gleichung der Kurve in der sehr einfachen Form:

$$r = \sqrt{\frac{c}{a}} \cdot \frac{1}{\cos \frac{\vartheta}{2}}$$

Das Verhältnis $\frac{c}{a}$ ist maßgebend für die Abmessungen der erzeugten Rotationsfläche, für verschiedene Werte von $\frac{c}{a}$ ergeben sich geometrisch ähnliche Flächen.

Hat man für ein bestimmtes $\frac{c}{a}$ die Meridiankurve punktweise ermittelt, so kann man auch den Druckverlauf längs derselben finden, indem man für die vorher ge-

[1]) „Über verschiedene Formen Pitotscher Röhren". Zentralblatt der Bauverwaltung **1909**, S. 549.

fundenen Punkte die Werte von u und v und daraus V berechnet; dann ergibt sich der Druckverlauf aus der Gleichung:

$$p + \frac{\rho V^2}{2} = \text{const} = p_0 + \frac{\rho a^2}{2}.$$

wobei p_0 der Druck in der ungestörten Flüssigkeit ist.

Die Geschwindigkeitshöhe $\frac{\rho V^2}{2}$ soll im folgenden mit h bezeichnet werden, die der ungestörten Flüssigkeit mit h_0; dann beträgt, wenn p_0 gleich Null gesetzt wird, der Überdruck p gegenüber der ungestörten Strömung:

$$p = h_0 - h\,.$$

Wir wollen diesen auf die Geschwindigkeitshöhe h_0 der ungestörten Strömung beziehen; denn für einen gegebenen Körper (also für ein bestimmtes $\frac{c}{a}$) ist er für einen gegebenen Punkt ihr proportional, da V proportional a ist. Wir benutzen also einfach als Maß für den Druckunterschied die Geschwindigkeitshöhe der ungestörten Strömung.

Wir bekommen also:

$$\frac{p}{h_0} = 1 - \frac{h}{h_0} = 1 - \left(\frac{V}{a}\right)^2.$$

Da nun:

$$u = a + \frac{c\,x}{r^3}, \quad v = \frac{c\,y}{r^3},$$

so wird

$$\left(\frac{V}{a}\right)^2 = 1 + 2\,\frac{c}{a}\cdot\frac{x}{r^3} + \left(\frac{c}{a}\right)^2\cdot\frac{x^2}{r^6} + \left(\frac{c}{a}\right)^2\cdot\frac{y^2}{r^6}$$

und mithin

$$\frac{p}{h_0} = -\left(2\,\frac{c}{a}\cdot\frac{x}{r^3} + \left(\frac{c}{a}\right)^2\cdot\frac{1}{r^4}\right).$$

Führt man hier noch $x = r - \frac{2\,c}{a\,r}$ ein, so erhält man

$$\frac{p}{h_0} = -\,2\,\frac{c}{a}\cdot\frac{1}{r^2} + 3\left(\frac{c}{a}\right)^2\cdot\frac{1}{r^4}.$$

In dieser Form ist die Berechnung am einfachsten, da wir ja auch bei der Berechnung der Meridiankurve von r ausgegangen sind.

Den Druck Null bekommt man an der Stelle der Oberfläche, wo V gleich a ist. Für diesen Punkt ergibt sich:

$$r = \sqrt{\frac{3}{2}\cdot\frac{c}{a}} = |x_0|\sqrt{\frac{3}{2}}$$

und der betreffende Wert von x beträgt

$$x_0\cdot\left(\sqrt{\frac{3}{2}} - 2\sqrt{\frac{2}{3}}\right) = \frac{x_0}{\sqrt{6}}.$$

Für $x = 0$ ist $r_0 = y_0 = \sqrt{2\frac{c}{a}}$; durch Einsetzen dieses Wertes erhält man:

$$\frac{p}{h_0} = -\frac{1}{4}.$$

Der Wert von r für das Minimum von $\frac{p}{h_0}$ ergibt sich durch Differentiation zu:

$$r = |x_0| \sqrt{3}.$$

Der entsprechende Wert von x ist:

$$x = -\frac{x_0}{\sqrt{3}},$$

und das Minimum des Druckes selbst beträgt, wie man durch Einsetzen der Werte von x und r leicht findet,

$$\left(\frac{p}{h_0}\right)_{min} = -\frac{1}{3}.$$

In Tabelle I sind für ein Verhältnis $\frac{c}{a} = 4\ \mathrm{cm}^2$ aus den beliebig angenommenen Werten von r die Abszissen und Ordinaten der Meridiankurve ermittelt, ebenso wurde daraus $\frac{p}{h_0}$ berechnet. Nach dieser Tabelle wurde Fig 6a (in der Wiedergabe verkleinert), gezeichnet; in dieser Figur ist auch der berechnete Verlauf des Druckes von der X-Achse als Nullinie aus aufgetragen.

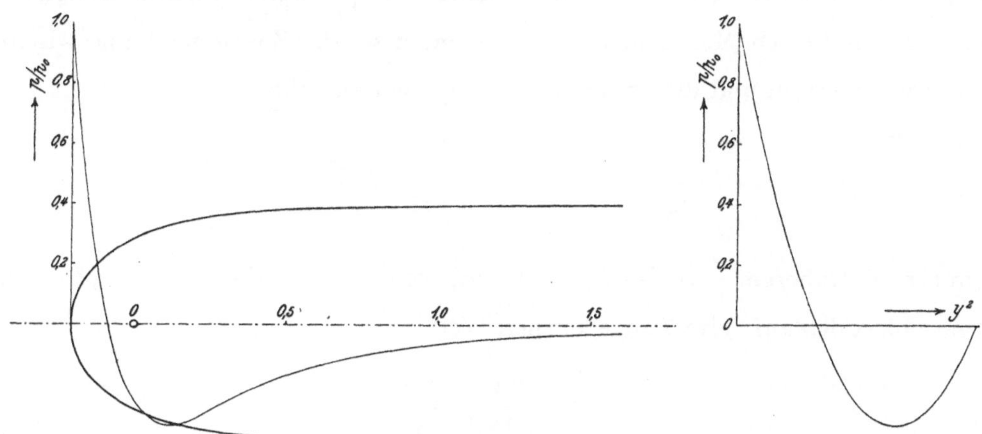

Fig. 6a und b. Druckverteilung am Halbkörper und Integration derselben.

Der Druckverlauf ist folgender. Am Scheitel des Körpers, wo die Geschwindigkeit gleich Null ist, herrscht ein Überdruck gleich der vollen Geschwindigkeitshöhe, von hier aus nimmt die Geschwindigkeit zu und der Druck entsprechend ab. Der Überdruck Null herrscht an der Stelle, wo V gleich a ist $\left(x = \frac{x_0}{\sqrt{6}}\right)$. Von dort aus beginnend, ist längs des ganzen Körpers Unterdruck vorhanden, der sich im Unendlichen asymptotisch auf Null vermindert. Der Widerstand, den der Körper in der

Flüssigkeit erfährt, ist, wie sich mit Hilfe des Impulssatzes zeigen ließe, gleich Null. Dies Resultat läßt sich aber auch dadurch erhalten, daß man die Integration der berechneten Drücke über die Oberfläche ausführt. Die Drücke sind alle normal zur Oberfläche gerichtet, der Widerstand würde sich als Resultierende der axialen Komponenten der Drücke ergeben.

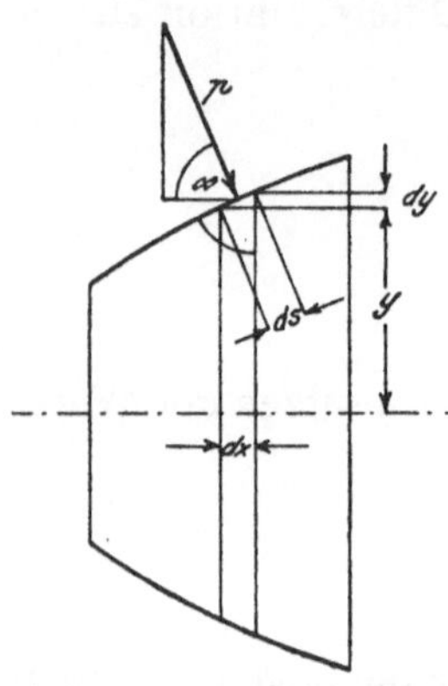

Fig. 7. Ermittlung des Widerstandes.

Es ist nämlich

$$W = \int_0^{y_1} 2\pi y \, ds \, p \cos \alpha.$$

wobei α der Winkel zwischen der Normale zu ds und der Achse ist (s. Fig. 7). Da nun $ds \cos \alpha = dy$, so wird:

$$W = 2\pi \int_0^{y_1} p \, y \, dy$$

$$= \pi \int_0^{y_1^2} p \, d(y^2).$$

Man braucht also nur p als Funktion von y^2 aufzutragen, dann ist die Ermittlung des Widerstandes auf eine Quadratur zurückgeführt, W kann mittels Planimeters bestimmt werden. Wir wollen auch den Gesamtwiderstand auf die Geschwindigkeitshöhe der ungestörten Strömung beziehen, wir tragen also die vorher berechneten Werte von $\frac{p}{h_0}$ als Funktion von y^2 auf und erhalten so $\frac{W}{h_0}$ durch Planimetrieren des Diagrammes in Fig. 6b. Man kann aber auch rechnerisch den Zusammenhang zwischen $\frac{p}{h_0}$ und y^2 ermitteln und die Integration analytisch ausführen.

Es ist:

$$\frac{p}{h_0} = -\frac{2}{r^2} \cdot \frac{c}{a} + \frac{3}{r^4}\left(\frac{c}{a}\right)^2.$$

Da nun nach früherem $\frac{c}{a} = \frac{y_1^2}{4}$ (s. S. 7) und, wenn man r^2 durch $x^2 + y^2$ ersetzt und hier für x den auf Seite 7 angegebenen Wert

$$x = \frac{2y^2 - y_1^2}{2\sqrt{y_1^2 - y^2}}$$

einführt, sich die Beziehung ergibt:

$$r^2 = \frac{y_1^4}{4(y_1^2 - y^2)},$$

so bekommt man durch Einsetzen dieser Größen:

$$\frac{p}{h_0} = -2\frac{(y_1^2 - y^2)}{y_1^2} + 3\frac{(y_1^2 - y^2)^2}{y_1^4}.$$

Durch Zusammenfassen der entsprechenden Glieder erhält man:

$$\frac{p}{h_0} = 1 - 4\left(\frac{y}{y_1}\right)^2 + 3\left(\frac{y}{y_1}\right)^4$$
$$= 1 + 3\left(\left(\frac{y}{y_1}\right)^4 - \frac{4}{3}\left(\frac{y}{y_1}\right)^2\right).$$

Indem man in der Klammer $\frac{4}{9}$ addiert und dafür von den ganzen Ausdruck $\frac{4}{3}$ in Abzug bringt, erhält man in der Klammer ein vollständiges Quadrat und es ergibt sich das Endresultat:

$$\frac{p}{h_0} = -\frac{1}{3} + 3\left(\left(\frac{y}{y_1}\right)^2 - \frac{2}{3}\right)^2.$$

Diese Gleichung sagt aus, daß der Druck als Funktion von y^2 durch eine Parabel mit senkrechter Achse dargestellt wird, deren Scheitel die Ordinate $-{}^1/_3$ hat, und deren Achse die Abszissenachse bei dem Werte $y^2 = {}^2/_3\, y_1^2$ schneidet; die Ordinate der Parabel hat für $y = 0$ den Wert 1 und für $y = y_1$ den Wert Null. Diese Parabel ist in Fig. 6b gezeichnet, sie ergibt sich natürlich auch direkt durch Auftragen der früher berechneten Werte von $\frac{p}{h_0}$.

Die Integration liefert:

$$\frac{W}{h_0} = \pi \int_0^{y_1^2} \frac{p}{h_0}\, d(y^2)$$
$$= \int \left(1 - 4\left(\frac{y}{y_1}\right)^2 + 3\left(\frac{y}{y_1}\right)^4\right) d(y^2)$$
$$= \left[y^2 - 2\,\frac{y^4}{y_1^2} + \frac{y^6}{y_1^4}\right]_0^{y_1} = 0.$$

Es erfährt also auch ein solcher Halbkörper in der idealen Flüssigkeit keinen Widerstand; ein Resultat, das für den endlichen Körper ja bekannt ist.

Sobald es sich um kompliziertere Quellenanordnungen handelt, ist eine analytische Lösung der Gleichung $\Psi = \text{const}$, aus der die Form des von der inneren Strömung gebildeten Rotationskörpers ermittelt werden muß, nicht mehr möglich oder doch höchst umständlich. Es bleibt dann nur eine graphische Lösung der Aufgabe übrig; das anzuwendende Verfahren soll an dem schon behandelten Beispiele der einfachen punktförmigen Quelle erläutert werden, die Übertragung auf andere Quellenanordnungen und die Hinzunahme von Senken bringt in das Verfahren selbst keine weiteren Komplikationen.

Für die Querschnitte der Fläche, die die innere Strömung umschließt, gilt:

$$\frac{\Psi}{c} = 2 \text{ für } x > 0$$
$$= 0 \text{ für } x < 0.$$

Ψ läßt sich in zwei Teile zerlegen, von denen der eine von der gleichförmigen, der andere von der Quellenströmung herrührt; wir setzen also $\Psi = \Psi_0 + \Psi_1$.

Für die gleichförmige Strömung ist der Fluß durch eine Kreisfläche vom Radius y:

$$2\pi\,\Psi_0 = \pi\,a\,y^2$$

$$\frac{\Psi_0}{c} = \frac{a}{2c}\,y^2.$$

Für die Quellenströmung beträgt der Fluß durch dieselbe Fläche:

$$2\pi\,\Psi_1 = \int_0^y 2\pi\,y\,dy\cdot u = \pi\,c\,x\int_0^y \frac{d(y^2)}{(x^2+y^2)^{3/2}}$$

$$\frac{\Psi_1}{c} = 1 - \frac{x}{\sqrt{x^2+y^2}} = 1 - \frac{x}{r}.$$

Für die Oberfläche gilt nun die Beziehung:

$$\frac{a}{2c}\,y^2 + \frac{\Psi_1}{c} = 2 \text{ für } x > 0$$
$$= 0 \text{ für } x < 0.$$

Wenn man jetzt für eine Reihe von x-Werten $\frac{\Psi_1}{c}$ als Funktion von y berechnet, so läßt sich graphisch leicht dasjenige y ermitteln, das obige Gleichung befriedigt. Um diese Bestimmung für beliebige Werte von x ausführen zu können, berechnen wir numerisch den Ausdruck: $\frac{\Psi_1}{c} = 1 - \frac{x}{r}$ für einige Werte von y als Funktion von x und erhalten so das auf Seite 18 dargestellte Diagramm Fig. 13, welches wir als das Ψ-Diagramm bezeichnen wollen. Für y sind die Werte 0,1, 0,2 .... bis 1,4 gewählt, und die Rechnung wurde ausgeführt für x = 0,05, 0,1, 0,25, 0,5, 0,75, 1,0, 1,5, 2,0, 2,5 und 3,0; sie vereinfacht sich dadurch, daß für $\frac{y}{x}$ = const auch $\frac{\Psi_1}{c}$ = const. Die berechneten Werte von $\frac{\Psi_1}{c}$ sind in Tabelle II enthalten; für die Auftragung im Diagramm wurde, ebenso bei den noch folgenden Zeichnungen, als Längeneinheit eine Strecke von 10 cm gewählt. Die Linien des Diagrammes gelten für y = 0,1, 0,2 .... bis 1,4, die strichpunktierte Linie für $y = \infty$.

In einem zweiten Diagramm tragen wir jetzt y als Abszisse auf und ziehen im Abstand 2 zur Abszissenachse eine Parallele. Von dieser aus trägt man für je einen Wert von x $\frac{\Psi_1}{c}$ als Funktion von y auf (aus dem Ψ-Diagramm mittels Zirkels abgegriffen). So entsteht das Diagramm Fig. 8. Für die negativen Werte von x muß $\frac{\Psi_1}{c}$ von der Abszissenachse aus nach oben aufgetragen werden mit Rücksicht darauf, daß für $x < 0$ die rechte Seite der zu lösenden Gleichung zu Null wird. Außerdem zeichnet man in das Diagramm die Parabel hinein, die der Gleichung $\frac{\Psi_0}{c} = \frac{a}{2c}\,y^2$ entspricht. Die Schnittpunkte der Parabel mit den Linien des Diagrammes genügen jetzt für positive Werte von x der Gleichung: $\frac{\Psi_0}{c} + \frac{\Psi_1}{c} = 2$ und für negative Werte von x der Gleichung $\frac{\Psi_0}{c} + \frac{\Psi_1}{c} = 0$; sie liefern also zu den den einzelnen Kurven entsprechenden Werten von x die zugehörigen Werte von y, so daß man jetzt die gesuchte Meridiankurve punktweise konstruieren kann. Den Scheitelpunkt der Kurve, den das Diagramm nicht liefert, kann man aus der Beziehung ermitteln, daß dort u

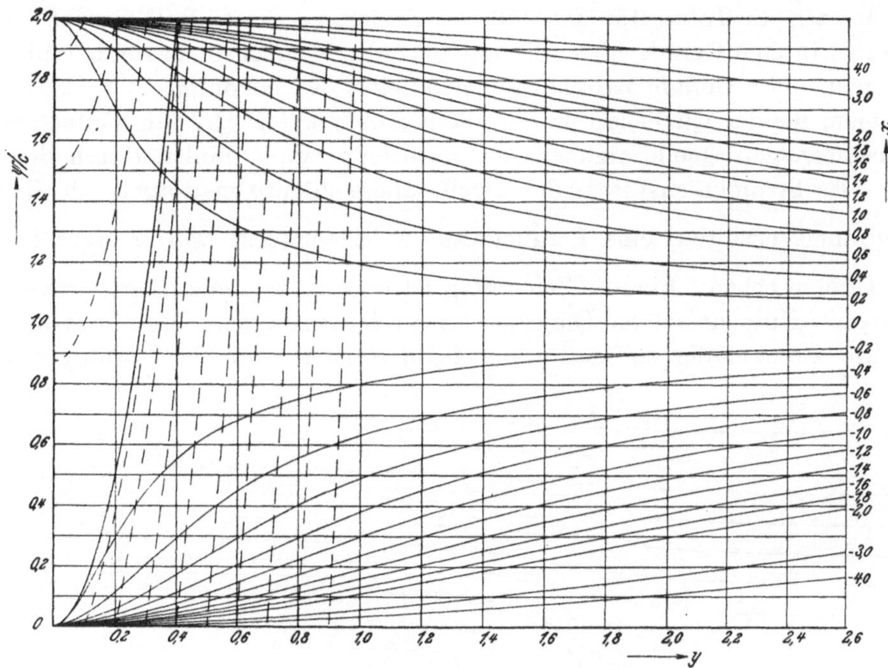

Fig. 8. Kombinationsdiagramm.

gleich Null sein muß. Bezeichnet man den von der Quellenströmung gelieferten Anteil von u mit u_1, so ist für den Scheitelpunkt $u_1 + a = 0$ oder $-\frac{u_1}{c} = \frac{a}{c}$. Trägt man also $-\frac{u_1}{c} = \frac{1}{x^2}$ für $x < o$ als Funktion von x auf (der Verlauf ist ebenfalls in dem Diagramm Fig. 13 eingetragen) und schneidet die Kurve durch eine Parallele im Abstande $\frac{a}{c}$ zur Abszissenachse, so liefert der Schnittpunkt die Abszisse des Scheitelpunktes.

Diese graphische Konstruktion der Meridiankurve hat gegenüber der analytischen Behandlung folgende Vorteile:

Variiert man die Intensität a der äußeren Strömung, so ändert sich in der der Konstruktion zugrunde liegenden Gleichung nur das Glied $\frac{a}{2c} y^2$. Man kann also, wenn man die Werte von $\frac{\Psi_1}{c}$ einmal berechnet hat, das Quellensystem mit jeder beliebigen äußeren Strömung kombinieren, indem man nur die entsprechende Parabel in das Diagramm einzeichnet.

Verschiebt man die Parabel nach oben oder unten, so ergibt die Summe $\frac{\Psi_0}{c} + \frac{\Psi_1}{c}$ nicht mehr 2, sondern eine andere Konstante, d. h. die Schnitte der Parabel (im Diagramm strichpunktiert) mit den Diagrammlinien liefern dann die Ordinaten einer Stromlinie, die, je nachdem die Parabel nach oben oder unten verschoben ist, innerhalb oder außerhalb der einhüllenden Flächen verläuft.

Läßt man die Intensität der äußeren Strömung gleich Null werden, so geht die Parabel in eine Gerade über, die mit der Abszissenachse zusammenfällt. Verschiebt man diese Gerade parallel mit sich selbst, so bekommt man dadurch die Stromlinien, die der Quellenströmung allein entsprechen. In dem einfachen Falle der punktförmigen Quelle ergeben sich natürlich gerade Linien durch den Nullpunkt. Das Stromliniensystem der Quelle allein könnte man auch mit Hilfe des Ψ-Diagramms erhalten, eine Parallele zur Abszissenachse würde einer Linie $\frac{\Psi_1}{c} = \text{const}$ entsprechen. Für die Zeichnung ist es aber bequemer, beide Strömungssysteme mit Hilfe desselben Diagrammes zu konstruieren. Man legt dann das Diagramm zweckmäßig so, daß seine Ordinatenachse in die Verlängerung der

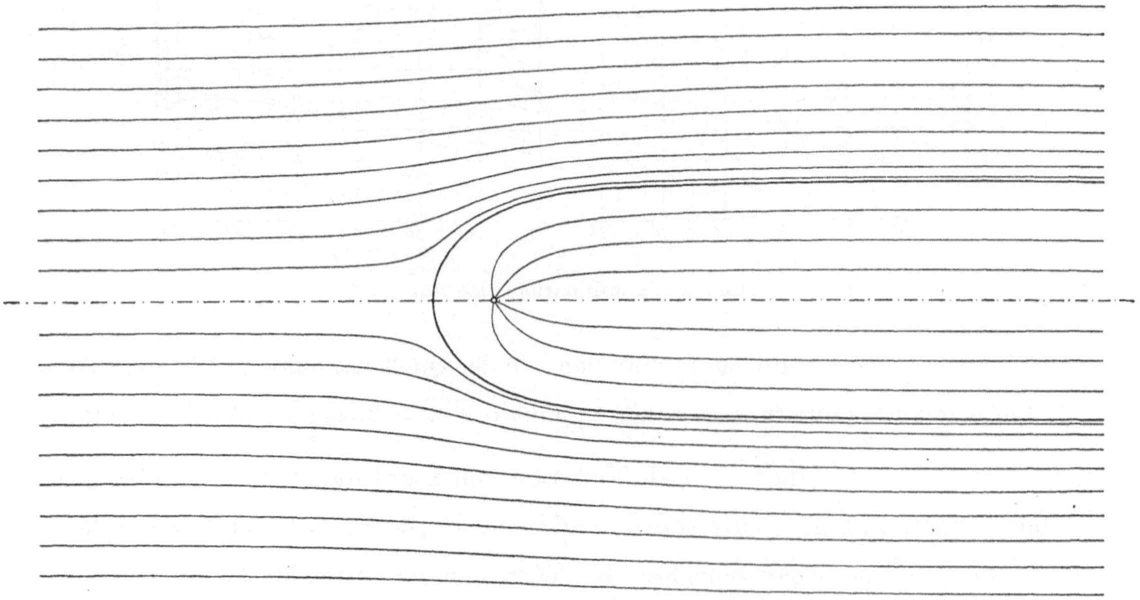

Fig. 9. Halbkörper mit Stromlinien.

X-Achse der Zeichnung fällt, um die y-Werte einfach übertragen zu können. Die Parabel zeichnet man am besten nicht, wie es in Fig. 8 geschehen ist, in das Diagramm hinein, sondern auf darübergelegtes Pauspapier, damit die Verschiebung einfach auszuführen ist. Nach dieser Methode ist in Fig. 9 die Meridiankurve und das Stromliniensystem gezeichnet, und zwar ist die Verschiebung der Parabel so ausgeführt, daß die äußeren Stromlinien für $x = -\infty$ äquidistant sind; die inneren haben denselben Abstand für $x = +\infty$.

Nach folgender Überlegung läßt sich nun auch die Geschwindigkeits- und Druckverteilung längs der Meridiankurve sowie in der ganzen Strömung innerhalb und außerhalb derselben ermitteln.

Die Geschwindigkeit längs der Oberfläche des Körpers ist die Resultierende der durch das Quellensystem allein erzeugten Geschwindigkeit und der der gleichförmigen Strömung. Letztere kennen wir nach Größe und Richtung, die resultierende Geschwindigkeit nur der Richtung nach, ebenso die Geschwindigkeit der Quellenströmung (beide als Tangenten an die betreffenden Stromlinien). Aus dem Geschwindigkeitsdreieck läßt sich somit auch die Größe der resultierenden Geschwindigkeit V ermitteln, und mit Hilfe von V ergibt sich der Druck aus der Druckgleichung.

Um zum Beispiel längs der Meridiankurve Geschwindigkeits- und Druckverteilung zu finden, zeichnet man die Kurve in das Stromliniensystem der Quelle hinein (das in diesem Fall aus radialen Linien besteht), und zeichnet nun an den Schnittpunkten mit den Stromlinien die Geschwindigkeitsdreiecke. Zweckmäßig verfährt man dabei folgendermaßen. Man legt auf die Zeichnung ein Blatt Pauspapier und zeichnet auf diesem die Tangenten an die Stromlinien in den Schnittpunkten der letzteren mit der Begrenzungskurve. Verschiebt man nun das Pauspapier parallel zur X-Achse um den Betrag, der die Größe a der gleichförmigen Geschwindigkeit darstellt, und zieht auf dem Pauspapier in den Schnittpunkten der Stromlinien mit der Begrenzungskurve die Tangenten an die letztere, so wird auf diesen die Geschwindigkeit V der Größe nach abgeschnitten (vgl. Fig. 10). Diese Konstruktion gilt natürlich ebenso für beliebige Punkte außerhalb oder innerhalb der Begrenzungskurve.

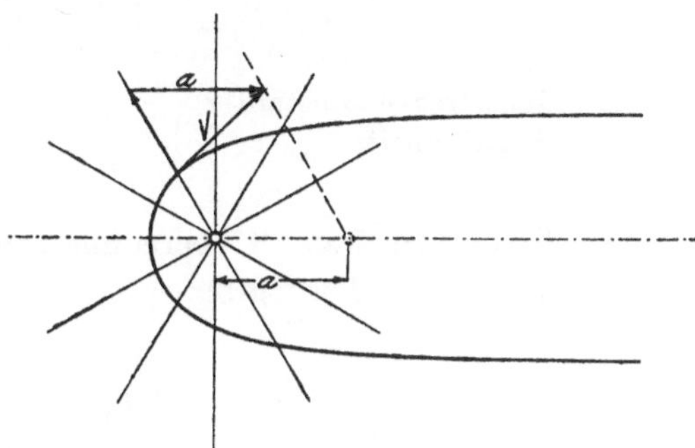

Fig. 10. Ermittlung der Größe von V.

Nach dieser Konstruktion wurde ebenfalls für die früher angenommenen Verhältnisse der Druckverlauf längs der Oberfläche ermittelt, es ergab sich eine gute Übereinstimmung mit der Rechnung.

III. Berechnung der Modelle und der theoretischen Strömungen.

Nach den angegebenen Methoden soll nun für einige Kombinationen von Quellen und Senken die Potentialströmung ermittelt werden; wie weit die wirkliche Strömung der berechneten nahekommt, soll durch Messung der Druckverteilung im künstlichen Luftstrom an ausgeführten Modellen untersucht werden. Die Systeme von Quellen und Senken sollen so angenommen werden, daß die erzeugten Formen mit den praktisch üblichen Lenkballonformen Ähnlichkeit haben. Außer der punktförmigen Quelle sollen noch einige andere Quellformen benutzt werden, für welche Strömungspotential und Stromfunktion zunächst berechnet werden müssen.

Wir wollen uns zunächst eine Strecke von der Länge l kontinuierlich mit Elementarquellen konstanter Ergiebigkeit besetzt denken. Damit wir diese Quelle nachher mit der punktförmigen kombinieren können, muß ihre Ergiebigkeit ebenfalls gleich $4\pi c$ sein, die Ergiebigkeit pro Längeneinheit ist also $\frac{4\pi c}{l}$.

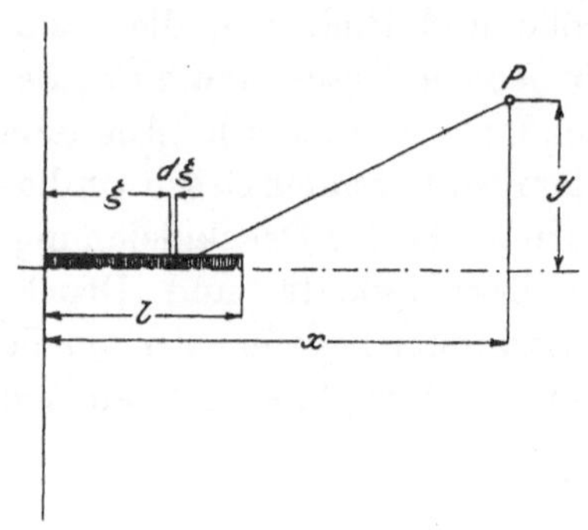

Fig. 11. Quellstrecke konstanter Ergiebigkeit.

Ein Element der Quellstrecke, das den Abstand ξ vom Nullpunkt hat (siehe Fig. 11), liefert im Punkte P zu dem Potential den Beitrag

$$d\Phi = \frac{c}{l} \cdot \frac{d\xi}{r}.$$

Das gesamte Potential im Punkte P ist also:

$$\Phi = \frac{c}{l} \int_0^l \frac{d\xi}{\sqrt{(x-\xi)^2 + y^2}}$$

$$= c \ln \frac{x - l + \sqrt{(x-l)^2 + y^2}}{x + \sqrt{x^2 + y^2}}.$$

Die Stromfunktion Ψ berechnen wir ebenfalls durch Integration über die Elementarquellen. Dies gibt:

$$\frac{\Psi_1}{c} = \frac{1}{l} \int_0^l \left(1 - \frac{x-\xi}{\sqrt{(x-\xi)^2 + y^2}}\right) d\xi$$

$$= 1 - \frac{1}{l} \int_0^l \frac{(x-\xi)\, d\xi}{((x-\xi)^2 + y^2)^{1/2}}$$

$$= 1 + \left(\frac{r_2}{l} - \frac{r_1}{l}\right),$$

wenn wir die Abstände des Punktes P von den Enden der Quellstrecke mit r_1 und r_2 bezeichnen.

Die Flächen $\frac{\Psi_1}{c}$ = const sind konfokale Rotationshyperboloide, deren Brennpunkte die Endpunkte der Quellstrecke sind.

Die Koordinaten der Punkte, für die man die Stromfunktion berechnen will, bezieht man zweckmäßig auf die Länge der Quellstrecke als Einheit, da der Ausdruck für $\frac{\Psi_1}{c}$ nur eine Funktion von $\frac{r_1}{l}$ und $\frac{r_2}{l}$ ist. Nach obiger Formel wurde nun $\frac{\Psi_1}{c}$ für die in Tabelle III angegebenen Werte von x und y berechnet; danach ergab sich das Diagramm Fig. 14 (auf S. 18); im Original war als Längeneinheit, also als Länge der Quellstrecke, 10 cm gewählt.

Zur Ermittlung des Scheitels der entstehenden Flächen brauchen wir noch den Wert von $-u/c$ auf der Achse.

Bei der punktförmigen Quelle ist dieser Wert: $-\frac{u}{c} = \frac{1}{x^2}$. Wir bekommen jetzt also:

$$-\frac{u}{c} = -\frac{c}{l}\int_0^l \frac{d\xi}{(x-\xi)^2} = \frac{c}{l}\left[\frac{1}{(x-\xi)}\right]_0^l$$

$$= \frac{1}{l}\left(\frac{1}{x} - \frac{1}{x-l}\right).$$

Wählen wir wieder l als Längeneinheit, so wird:

$$-\frac{u}{c} = \frac{1}{l^2}\cdot\frac{1}{x(x-1)},$$

Der hiernach berechnete Verlauf von $-\frac{u}{c}$ auf der Achse (außerhalb der Quelle) ist ebenfalls in Fig. 14 eingezeichnet.

Als eine weitere Quellform wollen wir jetzt eine Quelle annehmen, die wieder längs einer Strecke l verteilt ist, aber so, daß die Intensität dem Abstande vom Anfangspunkte der Strecke proportional ist.

Die Intensität der Elementarquelle sei $d\cdot\xi\cdot d\xi$, dann ist die Gesamtergiebigkeit der Quelle:

$$4\pi d\int_0^l \xi\, d\xi = 4\pi d\,\frac{l^2}{2}.$$

Damit dies wieder gleich der Ergiebigkeit der punktförmigen Quelle ist, muß sein: $d = \frac{2c}{l^2}$. Man kann also die Ergiebigkeit der Elementarquelle auch schreiben: $\frac{2c}{l^2}\xi\, d\xi$. Damit wird das Potential im Punkte P (Fig. 12):

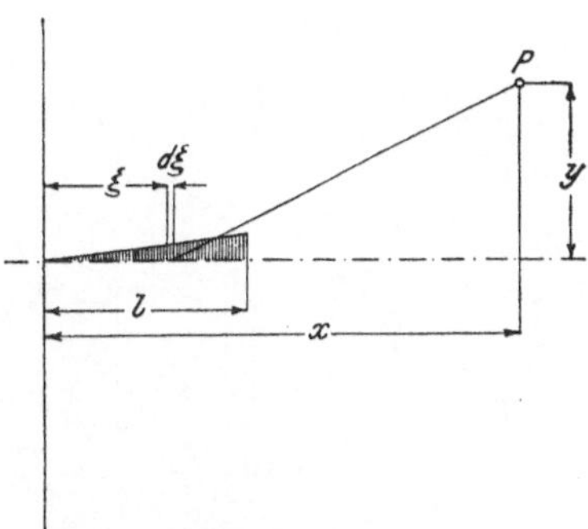

Fig. 12. Quellstrecke mit linear zunehmender Ergiebigkeit.

$$\Phi = \frac{2c}{l^2}\int_0^l \frac{\xi\, d\xi}{\sqrt{(x-\xi)^2 + y^2}}$$

Setzt man $(x - \xi)$ gleich u, so erhält man:

$$\Phi = \frac{2c}{l^2}\int_x^{x-l} \frac{(u-x)\,du}{\sqrt{u^2+y^2}}$$

und durch Ausführung der Integration:

$$\Phi = \frac{2c}{l^2}\left(r_2 - r_1 - x\ln\frac{x - l + \sqrt{(x-l)^2+y^2}}{x + \sqrt{x^2+y^2}}\right)$$

oder für l als Längeneinheit

$$\Phi = \frac{2c}{l}\left(r_2 - r_1 - x\ln\frac{x - l + \sqrt{(x-l)^2+y^2}}{x + \sqrt{x^2+y^2}}\right).$$

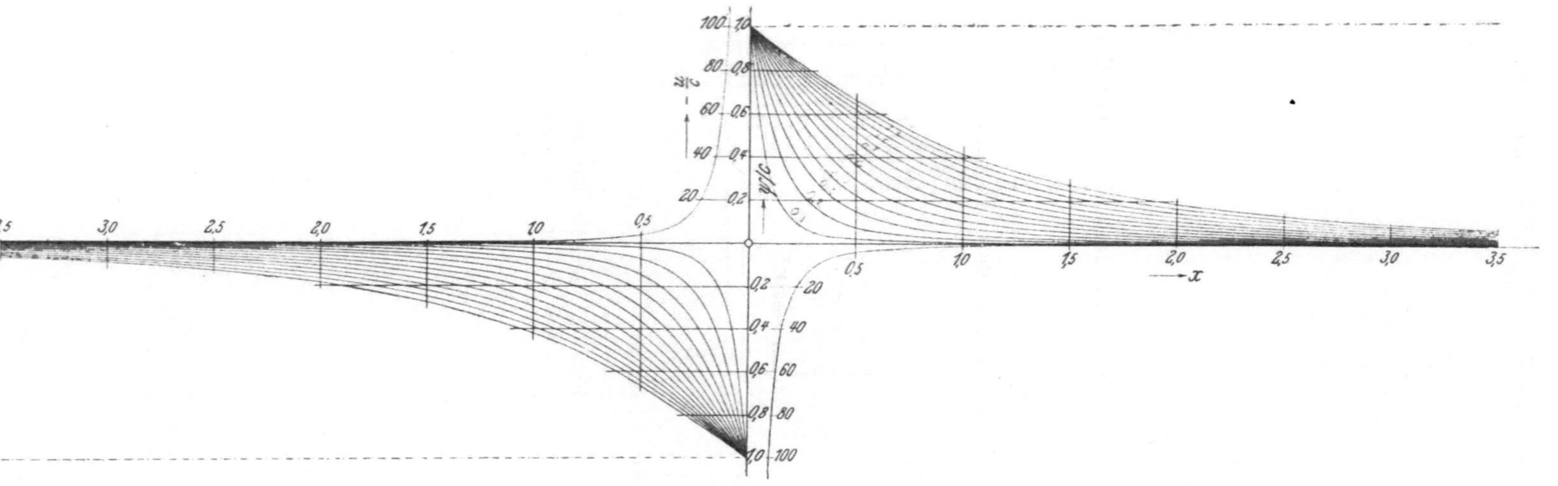

Fig. 13. $\Psi^{\cdot}$-Diagramm für die punktförmige Quelle.

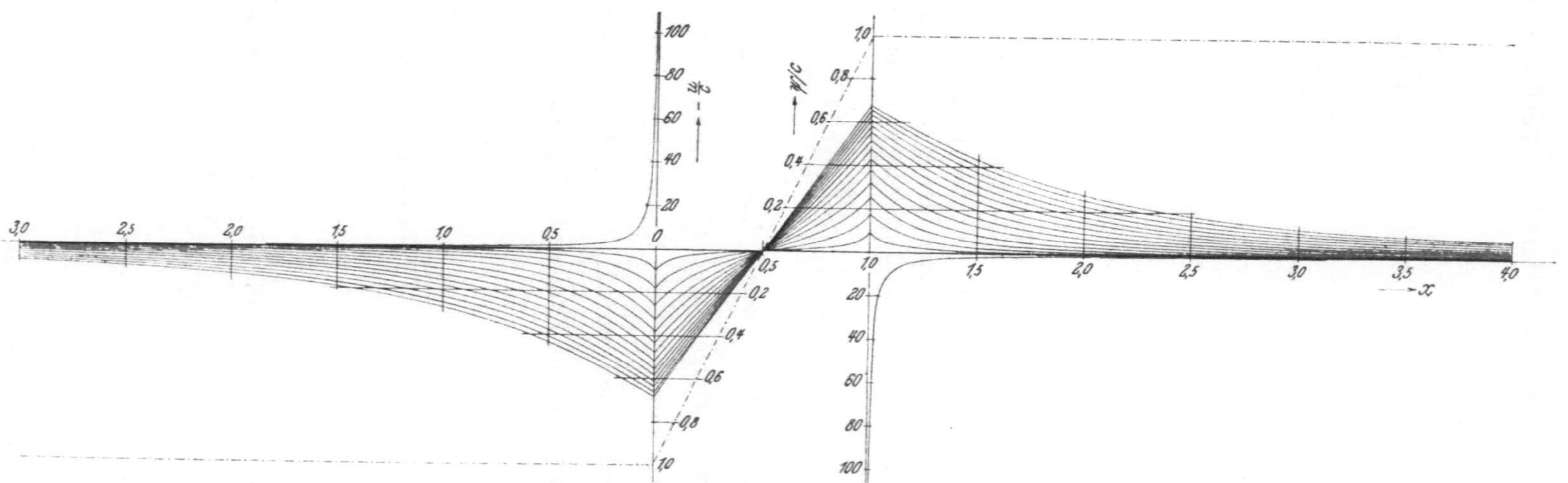

Fig. 14. $\Psi^{\cdot}$-Diagramm für die Quellstrecke mit konstanter Ergiebigkeit.

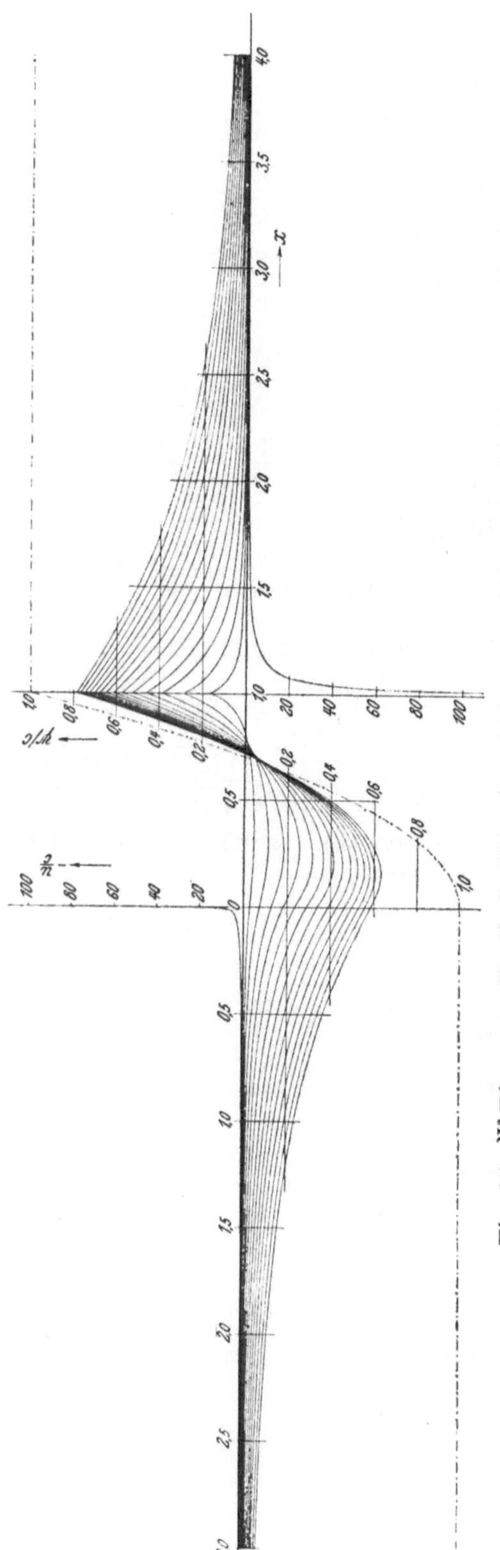

Fig. 15. Ψ-Diagramm für die Quellstrecke mit linear zunehmender Ergiebigkeit.

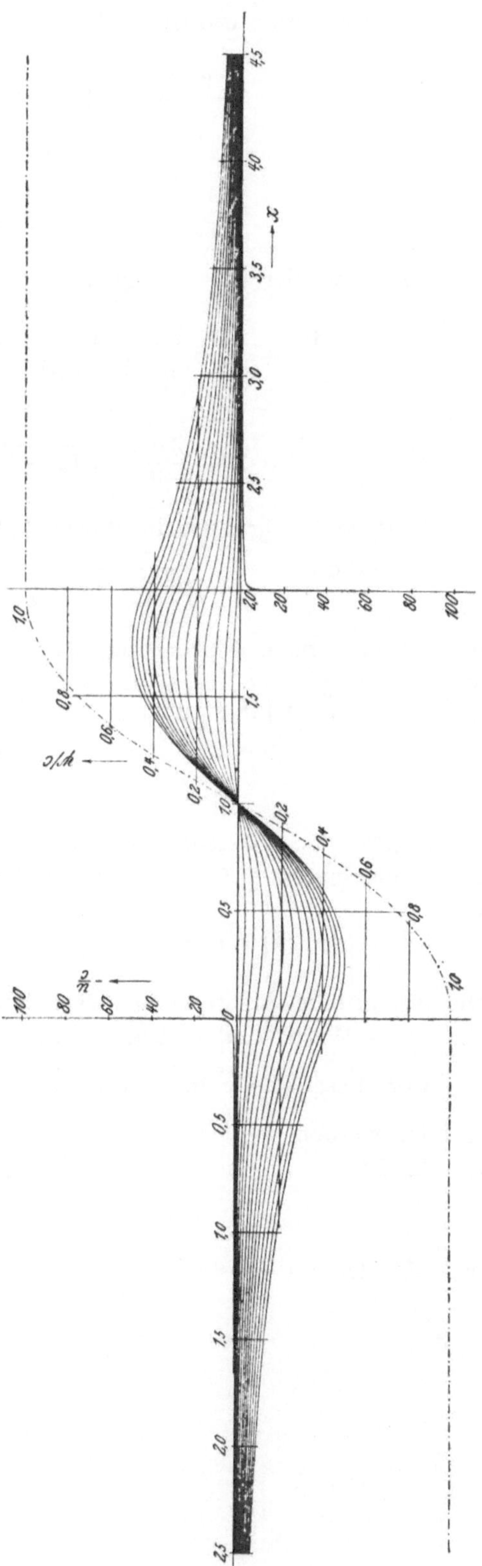

Fig. 16. Ψ-Diagramm für die Quellstrecke mit linear zu- und abnehmender Ergiebigkeit.

Für die Stromfunktion gilt:

$$\frac{\Psi}{c} = \frac{2}{l^2}\int_0^l \left(1 - \frac{x-\xi}{\sqrt{(x-\xi)^2+y^2}}\right)\xi\, d\xi$$

$$= 1 - \frac{2}{l^2}\int_0^l \frac{(x-\xi)\,\xi\, d\xi}{\sqrt{(x-\xi)^2+y^2}},$$

Setzt man wieder $(x - \xi)$ gleich u, so ergibt sich:

$$\frac{\Psi}{c} = 1 + \frac{2c}{l^2}\int_x^{x-l} \frac{u\,(x-u)\,du}{\sqrt{u^2+y^2}}$$

$$= 1 + \frac{2cx}{l^2}\left(\sqrt{(x-l)^2+y^2} - \sqrt{x^2+y^2}\right) - \frac{2c}{l^2}\int_x^{x-l}\frac{u^2\,du}{\sqrt{u^2+y^2}}$$

Das letztere Integral ergibt durch partielle Integration:

$$\int \frac{u^2\,du}{\sqrt{u^2+y^2}} = \left[u\sqrt{u^2+y^2} - \frac{u}{2}\sqrt{u^2+y^2} - \frac{y^2}{2}\ln\left(u+\sqrt{u^2+y^2}\right)\right]_x^{x-l},$$

so daß man nach Einsetzung der Grenzen als Ergebnis bekommt:

$$\frac{\Psi}{c} = 1 + \frac{2}{l^2}\left\{x\sqrt{(x-l)^2+y^2} - x\sqrt{x^2+y^2} - \frac{x-l}{2}\sqrt{(x-l)^2+y^2}\right.$$
$$\left. + \frac{x}{2}\sqrt{x^2+y^2} + \frac{y^2}{2}\ln\frac{x-l+\sqrt{(x-l)^2+y^2}}{x+\sqrt{x^2+y^2}}\right\}.$$

Durch passendes Zusammenfassen der einzelnen Glieder und nachdem man wieder alle Koordinaten auf l als Einheit bezogen hat, erhält man:

$$\frac{\Psi}{c} = 1 + (x+1)\sqrt{(x-1)^2+y^2} - x\sqrt{x^2+y^2} + \frac{y^2}{2}\ln\frac{x-1+\sqrt{(x-1)^2+y^2}}{x+\sqrt{x^2+y^2}}$$

Die numerische Auswertung dieser Formel ergibt das Diagramm Fig. 15, die berechneten Werte sind in Tabelle IV enthalten.

Für diese Quelle muß nun auch der Verlauf von $-\frac{u}{c}$ längs der Achse berechnet werden.

Es ist:

$$-\frac{u}{c} = \frac{2}{l^2}\int_0^l \frac{\xi\, d\xi}{\sqrt{(x-\xi)^2+y^2}};$$

$(x - \xi)$ gleich z gesetzt, ergibt:

$$-\frac{u}{c} = -\frac{2}{l^2}\int_x^{l-x}\frac{(z-x)\,dz}{z^2}$$

$$= -\frac{2}{l^2}\left[\ln z + \frac{x}{z}\right]_x^{l-x}$$

$$= -\frac{2}{l^2}\left(\ln\frac{x-l}{x} + \frac{l}{x-l}\right).$$

Die Auswertung erfolgte wieder unter der Annahme, daß l gleich 1; der berechnete Verlauf ist in Fig. 15 eingetragen.

Diese Quellenanordnung wurde noch in einem anderen Maßstabe benutzt, indem die Quelle auf die Hälfte ihrer Länge zusammengedrängt wurde. Da die Gesamtergiebigkeit der Quelle dieselbe bleiben soll, so bleiben die Ordinaten des Ψ-Diagrammes dieselben, es ändert sich nur der Maßstab der x und y. Ebenso ändert sich in dem u-Diagramm der Maßstab entsprechend.

Um von der zuerst berechneten Quellenform, bei der die Intensität linear anstieg, auch das Spiegelbild inbezug auf die Mitte der Quellstrecke benutzen zu können, braucht man das Diagramm, das für die spätere Kombination mit einer Senke doch auf Pauspapier durchgezeichnet werden mußte, nur herumzuwenden, dann hat man ohne weiteres das Ψ-Diagramm für das Spiegelbild der Quelle.

Durch Kombination dieses Spiegelbildes mit der ursprünglichen Quelle wurde nun noch eine weitere Quellform abgeleitet, bei der die Intensität zuerst linear anstieg und dann wieder linear auf Null abfiel. Zu diesem Zwecke wurde das auf Pauspapier durchgezeichnete Diagramm, mit der Rückseite nach oben, so an das ursprüngliche angelegt, daß die Summe der Ordinaten einfach abzugreifen war. Bei dieser Addition würde natürlich eine Quelle von der doppelten Ergiebigkeit entstanden sein, deshalb wurde zum Abgreifen ein Reduktionszirkel benutzt, der die abgegriffenen Werte gleich im halben Maßstab aufzutragen gestattete; auf diese Weise entstand das Diagramm Fig. 16. Diese Quelle besitzt die Länge 2, sie wurde auch noch auf die Länge 1 reduziert benutzt.

Von den berechneten Quellformen wurde nun je eine als Quelle mit einer anderen als Senke kombiniert, und zwar ließ man stets den Anfangspunkt der Senke mit dem Endpunkte der Quelle zusammenfallen. Man hätte auch Quelle und Senke beliebig weit auseinanderrücken können, dann hätten die bei Superposition der gleichförmigen Strömung entstehenden Körper ein mehr oder weniger zylindrisches Mittelstück bekommen.

Es wurden folgende sechs Kombinationen ausgeführt:

Die Figuren stellen schematisch die Verteilung der Intensität dar; senkrechte Schraffierung bedeutet Quelle, wagerechte Senke. Um nun die $\frac{\Psi}{c}$-Werte für die Kombination zu erhalten, mußte immer die Summe der Ψ-Werte für Quelle und Senke gebildet werden oder, wenn man für die Senke das Diagramm für die entsprechende Quelle benutzt, die Differenz, die dem Wert $\frac{\Psi_1}{c} + \frac{\Psi_2}{c}$ entspricht. Für die Senke wurde immer ein auf Pauspapier gezeichnetes Diagramm benutzt und dieses so auf das Diagramm für die Quelle gelegt, daß die Differenz der Ordinaten mit dem Zirkel abgegriffen und in das Diagramm eingetragen werden konnte, das zur Kombination mit der gleichförmigen Strömung dient (vgl. S. 12). Für die verschiedenen Werte von x wurden in dem Kombinationsdiagramm die abgegriffenen Werte von $\left(\frac{\Psi_1}{c} + \frac{\Psi_2}{c}\right)$ als Funktion von y von der Linie aus aufgetragen, die für das betreffende x der rechten Seite der Gleichung: $\frac{a}{2c} y^2 + \frac{\Psi}{c} = \text{const}$ entspricht. Diese Konstante ändert ihren Wert, wie es früher für die punktförmige Quelle auseinandergesetzt ist, je nachdem der betreffende Querschnitt die Quellen- oder Senkenstrecke oder keine von beiden trifft. Bezeichnet man die Intensitätsverteilung der Quellenstrecke mit $f_1(\xi)$, die der Senkenstrecke mit $f_2(\xi)$, die Länge der Quellenstrecke mit l_1 und die der Senkenstrecke mit l_2, so ist

für

$$x \begin{matrix} < 0 \\ > l_1 + l_2 \end{matrix} : \frac{\Psi_0}{c} + \frac{\Psi_1 + \Psi_2}{c} = 0,$$

für

$$x \begin{matrix} > 0 \\ < l_1 \end{matrix} : \frac{\Psi_0}{c} + \frac{\Psi_1 + \Psi_2}{c} = 2\frac{\int_0^x f_1(\xi)\,d\xi}{\int_0^{l_1} f_1(\xi)\,d\xi}$$

und für

$$x \begin{matrix} > l_1 \\ < l_1 + l_2 \end{matrix} : \frac{\Psi_0}{c} + \frac{\Psi_1 + \Psi_2}{c} = 2\frac{\int_x^{l_1+l_2} f_2(\xi)\,d\xi}{\int_{l_1}^{l_1+l_2} f_2(\xi)\,d\xi}.$$

Der Zahlenwert der beiden im Nenner stehenden Integrale ist natürlich der gleiche, da die Ergiebigkeit von Quelle und Senke die gleiche ist. Unter Berücksichtigung dieses Umstandes sind die Diagramme Fig. 17 bis 22 gezeichnet. Die Nummer des Diagramms gibt die Kombination von Quelle und Senke an, für die es gilt. Jedes Diagramm enthält zwei Kurvenscharen, von denen die eine für $x/l < 1$ und die andere für $x/l < 1$ gilt.

Zeichnet man nun in eins der Diagramme die dem Glied $\frac{\Psi_0}{c}$ entsprechende Parabel hinein, so bekommt man, wie früher angegeben ist, die Ordinaten der Meridiankurve der Rotationsfläche, die die innere Strömung umschließt, und zwar liefern verschiedene Parabeln Rotationsflächen von etwa gleicher Länge, aber verschiedenem Durchmesser. Derartige Rotationsflächen sollten nun für die späteren Messungen aus Metall ausgeführt werden, und zwar sollten sie alle gleiches Volumen und gleiche Oberfläche erhalten. Wenn man sich die Wahl der Längeneinheit noch vorbehält, so ist durch die Annahme der Parabel $\frac{a}{2c} y^2$ in dem Diagramm das Verhältnis $\frac{\text{Inhalt}}{\text{Oberfläche}^{3/2}}$ bestimmt (es ist nötig, den Zusammenhang zwischen Inhalt und Oberfläche durch eine dimensionslose Größe auszudrücken, um von der Größe der Längeneinheit unabhängig zu sein). Wenn man also ein Modell von bestimmtem Volumen und bestimmter Oberfläche berechnen will, so muß man in das Diagramm diejenige Parabel einzeichnen, die das gewünschte

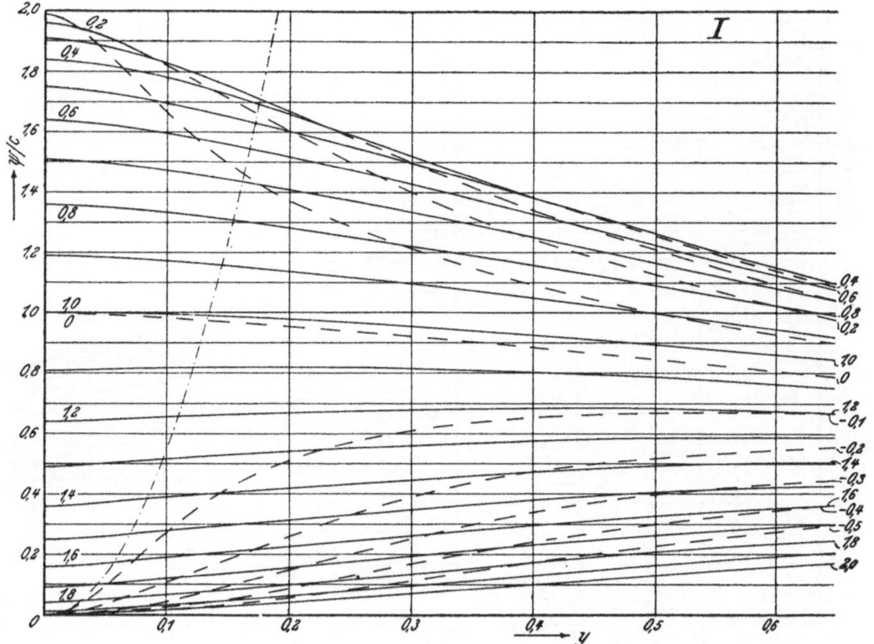

Fig. 17. Kombinationsdiagramm I.

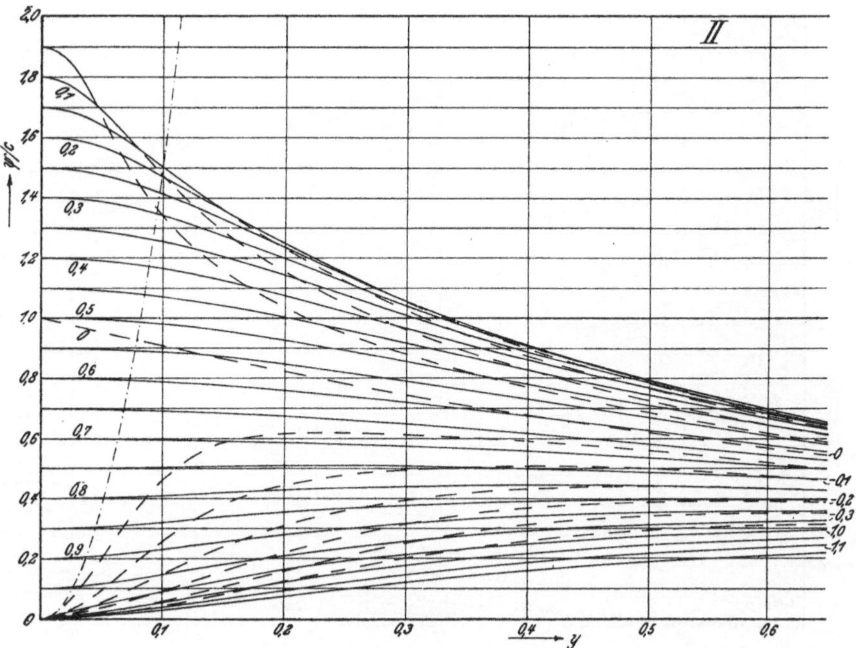

Fig. 18. Kombinationsdiagramm II.

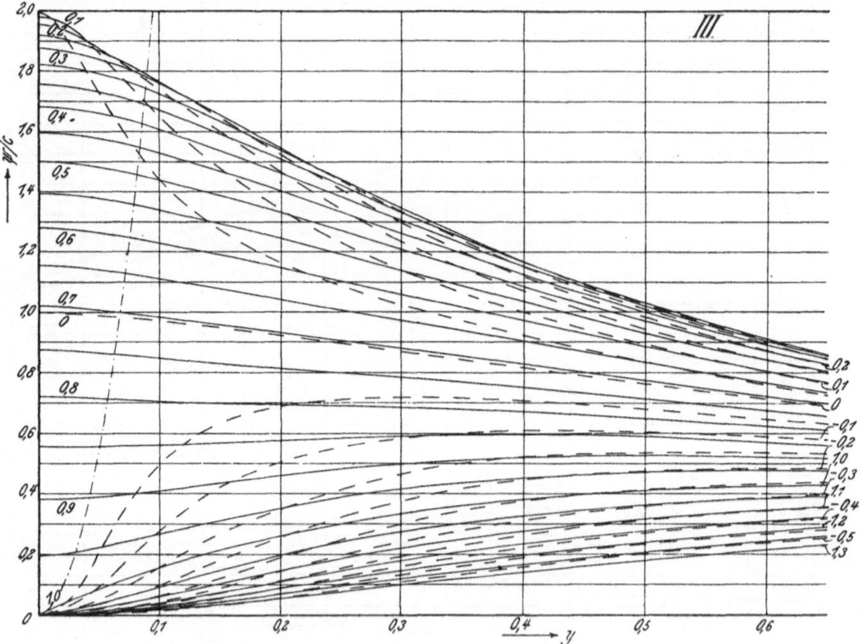

Fig. 19. Kombinationsdiagramm III.

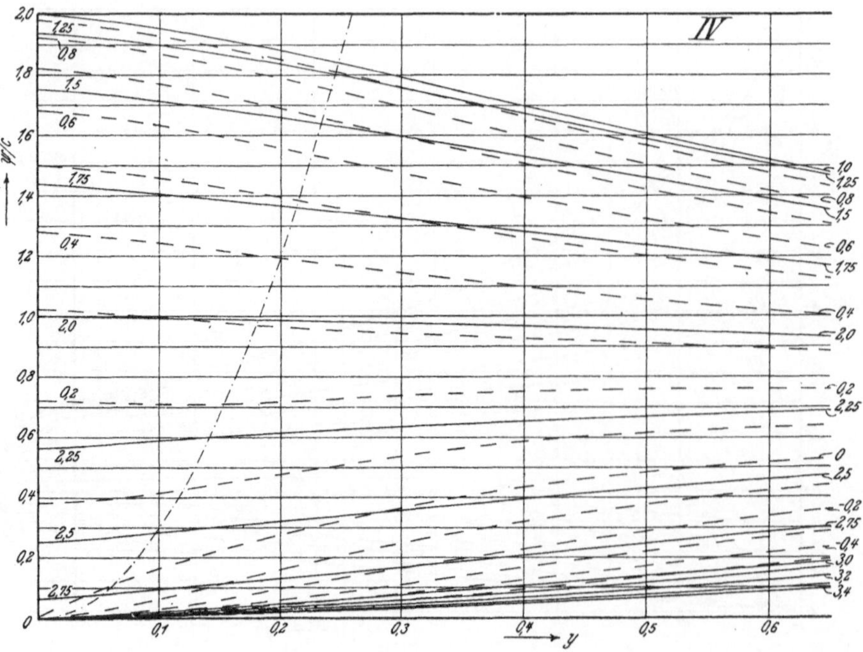

Fig. 20. Kombinationsdiagramm IV.

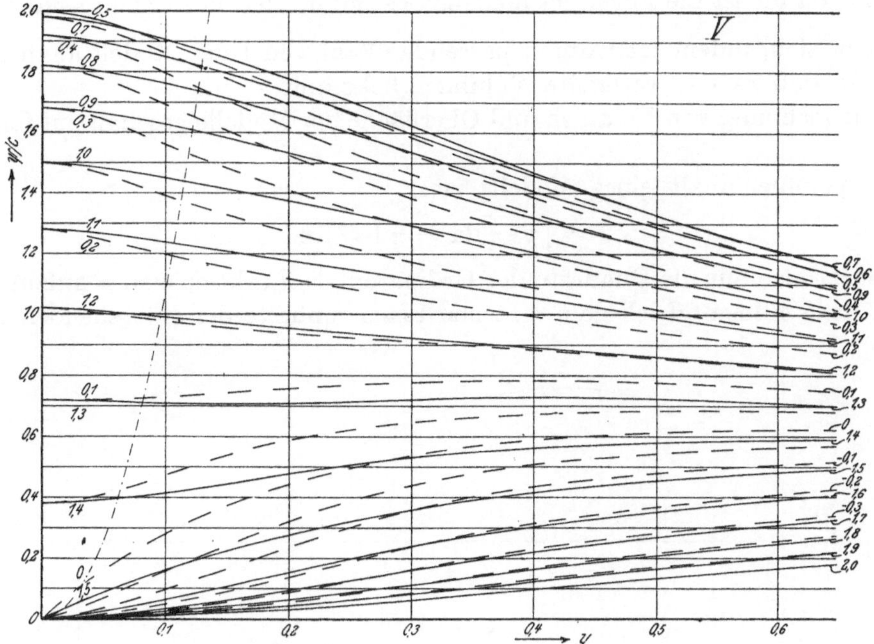

Fig. 21. Kombinationsdiagramm V.

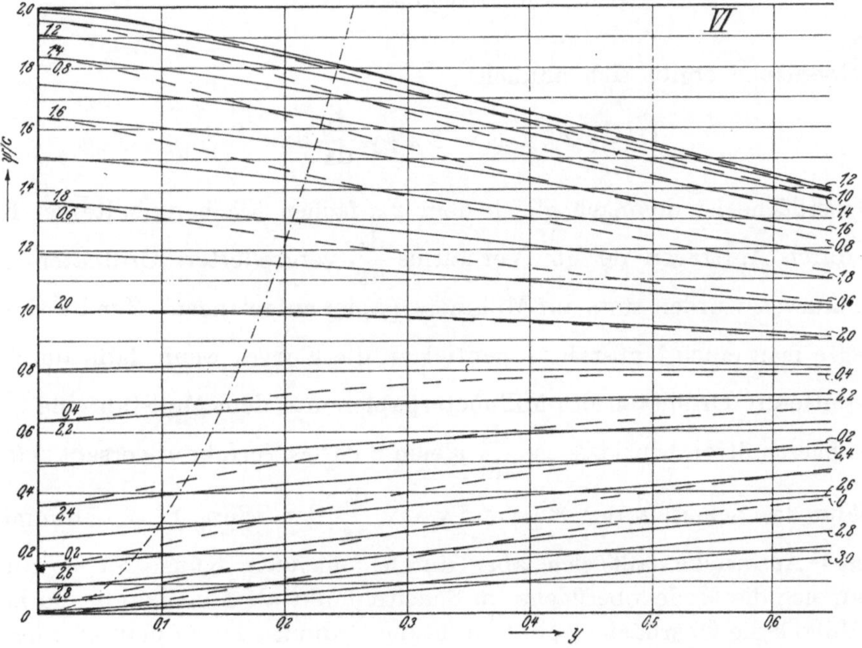

Fig. 22. Kombinationsdiagramm VI.

$\frac{J}{O^{3/2}}$ liefert, damit ist die Form des Modells bestimmt, aber noch nicht seine Größe; diese ergibt sich, indem man durch passende Wahl von l das Modell ähnlich vergrößert, so daß es das verlangte Volumen bekommt.

Die Berechnung von Volumen und Oberfläche der Modelle geschah auf folgende Weise:

Der Volumeninhalt eines Modells ist:

$$J = \int y^2 \pi \, dx = \pi \int y^2 \, dx$$

Man braucht also nur die Quadrate der Ordinaten als Funktion von x aufzutragen, dann ist das Volumen gleich dem π-fachen Flächeninhalte der entstehenden Kurve (Fig. 23).

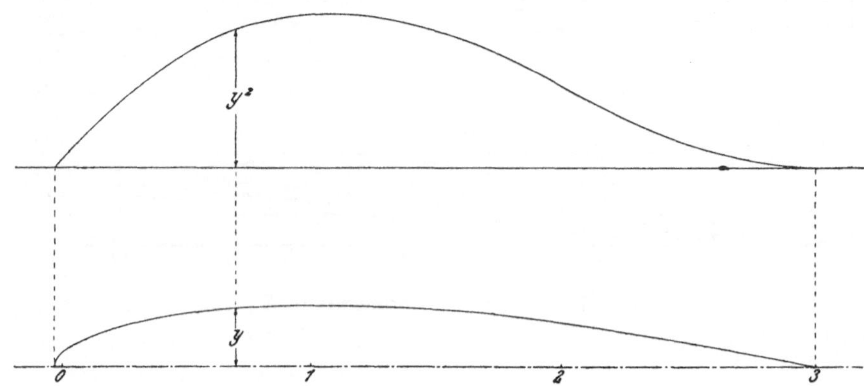

Fig. 23. Ermittlung des Volumens.

Die Oberfläche ergibt sich ähnlich:

$$O = \int 2 \pi y \, ds = 2 \pi \int y \frac{ds}{dx} dx.$$

Die Oberfläche ist demnach gleich dem 2π-fachen Flächeninhalte der Kurve, die man durch Auftragen der im Verhältnis $\frac{ds}{dx}$ vergrößerten Ordinaten erhält. Die Modellkurven wurden stets auf Millimeterpapier aufgetragen. Zur Bestimmung von $\frac{ds}{dx}$ legte man einen Maßstab tangential an die Kurve; wenn dann durch zwei um 1 dm entfernte Ordinaten des Millimeterpapiers auf dem Maßstab eine Strecke von n dm abgeschnitten wurde, so ist $\frac{ds}{dx}$ gleich n. Dies Verfahren versagt natürlich in der Nähe des Scheitels der Kurven, wo $y \frac{ds}{dx}$ den Wert $0 \cdot \infty$ annimmt; der Wert dieses Ausdrucks läßt sich aber durch folgenden Kunstgriff bestimmen. Denkt man sich die Modelloberfläche im Scheitelpunkt als Kugelkappe, so beträgt bei einer Höhe h die Oberfläche $2 \rho \pi h$, d. h. die Ordinate der zu planimetrierenden Fläche im Scheitelpunkt ist gleich dem Krümmungsradius im Scheitel, den man genügend genau mit dem Zirkel bestimmen kann (vgl. Fig. 24).

Das erste Modell, das berechnet wurde, entsprach der Kombination IV. Um eine passende „Schlankheit" desselben zu erhalten, wurde für die gleichförmige Strömung $\frac{a}{2c}$ gleich 30 gewählt. Zeichnet man die entsprechende Parabel in das Diagramm Fig. 20 hinein, so ergibt sich für das Modell die Meridiankurve, die bereits in Fig. 23 und 24 benutzt ist. Der Scheitelpunkt des Modells wurde besonders aus der Beziehung ermittelt, daß dort u Null sein muß, d. h. es muß dort die Summe

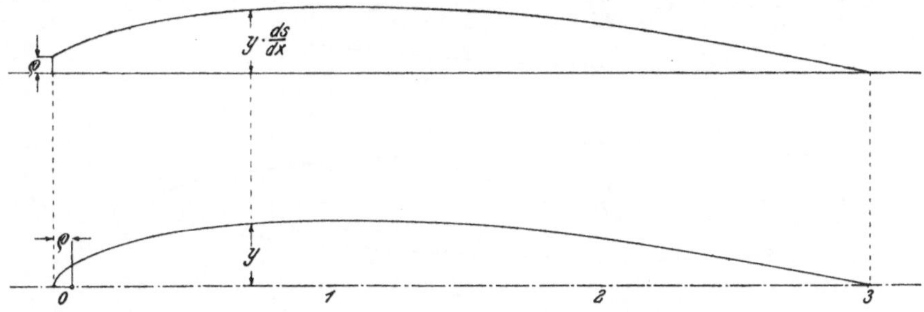

Fig. 24. Ermittlung der Oberfläche.

der von Quelle und Senke erzeugten Geschwindigkeiten gleich — a sein. Es wurden also die beiden Geschwindigkeitsdiagramme Fig. 15 und 16 so aneinandergelegt, daß die Summe der Ordinaten abgegriffen werden konnte, und nun der Wert von x gesucht, für den $-\frac{u}{c}$ gleich $+\frac{a}{c}$ war. Die Ermittlung von Volumen und Oberfläche durch Planimetrieren der Flächen Fig. 23 und 24 ergab:

$$\frac{J}{l^3} = 0{,}3318, \quad \frac{O}{l^2} = 3{,}320,$$

also

$$\frac{J}{O^{3/2}} = 0{,}05478.$$

Für die Ausführung wurde nun mit Rücksicht auf die Herstellung der Modelle und auf die Versuchseinrichtungen für l eine Länge von 38 cm gewählt, damit ergibt sich für das ausgeführte Modell bei einer Gesamtlänge von 1145 mm ein Volumen von 0,0182 cbm und eine Oberfläche von 0,479 qm. Die wirkliche Größe des Modells bekommt man durch entsprechendes Vergrößern von Fig. 23; die anderen Modelle mußten nun auf gleiches J und O berechnet werden. Zu diesem Zwecke wurden probeweise für jedes Modell einige Werte von $\frac{a}{2c}$ angenommen, die betreffenden Werte von $\frac{J}{O^{3/2}}$ wie für Nr. IV ermittelt und durch Interpolation derjenige Wert von $\frac{a}{2c}$ bestimmt, der $\frac{J}{O^{3/2}} = 0{,}05478$ lieferte. Das Volumen eines Modells ist bei gegebenem l näherungsweise proportional dem Quadrat des größten Radius y_{max}, die Oberfläche wächst angenähert mit y_{max}, der Wert von $\frac{J}{O^{3/2}}$ ist also näherungsweise proportional $\sqrt{y_{max}}$. Da nun der größte Radius nahezu der Wurzel aus dem Intensitätsverhältnis $\frac{c}{a}$ proportional ist (vgl. S. 7), so wächst

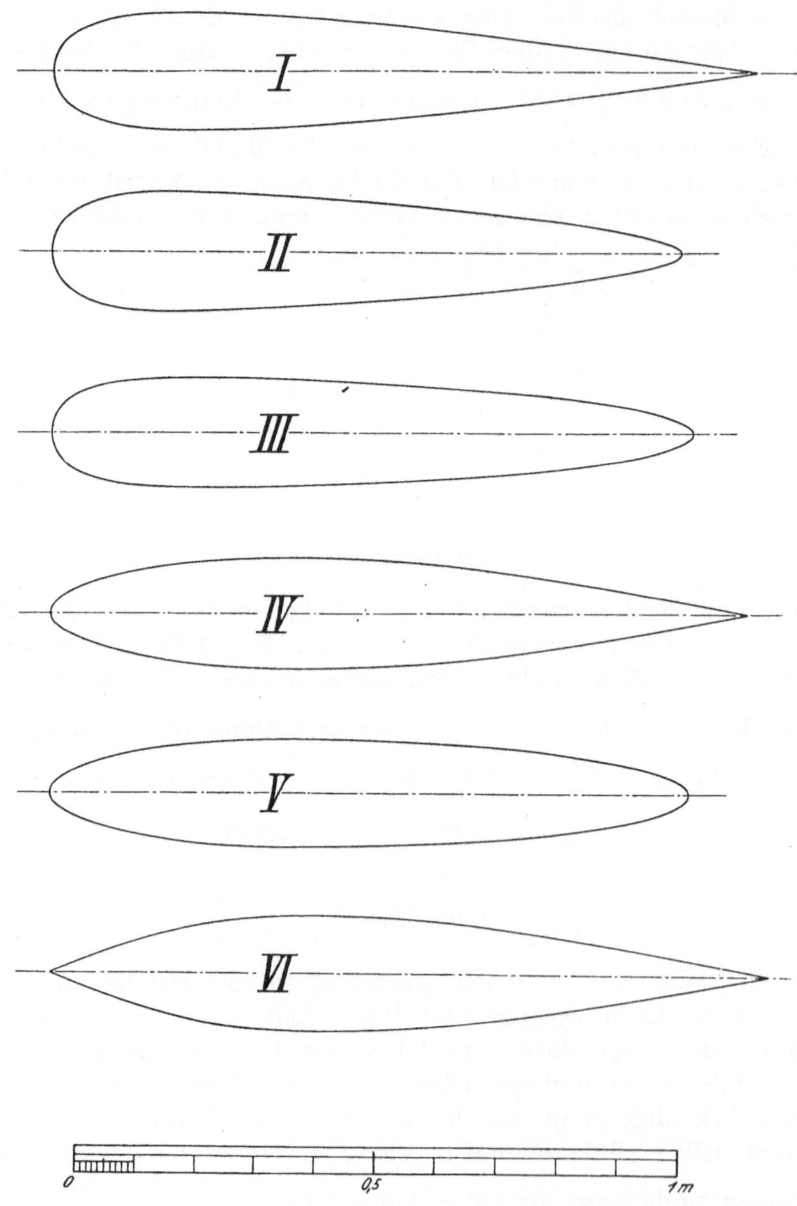

Fig. 25. Die sechs Modellformen.

$\frac{J}{0^{3/2}}$ angenähert mit der vierten Wurzel dieses Verhältnisses. Bei der Interpolation wurde deshalb $\frac{J}{0^{3/2}}$ als Funktion von $\frac{1}{\sqrt[4]{\frac{a}{2c}}}$ aufgetragen, dabei ergeben sich sehr wenig gekrümmte, durch den Nullpunkt gehende Kurven, so daß zur Bestimmung des Wertes von $\frac{J}{0^{3/2}}$ zwei bis drei probeweise Annahmen genügen.

Nach dieser Methode ergaben sich für die sechs Modelle folgende Werte von $\frac{a}{2c}$:

Modell:	I	II	III	IV	V	VI
$\frac{a}{2c}$:	55,27	154,3	224	30	108,3	39,51

Die diesen Werten entsprechenden Parabeln wurden nun in die Diagramme Fig. 17 bis 22 eingezeichnet (strichpunktiert) und so die gesuchten Modellformen ermittelt; die wirkliche Größe ergab sich dann, indem l so bestimmt wurde, daß das Volumen den gewünschten Wert bekam. So entstanden die in Fig. 25 dargestellten Modellformen.

Mit Hilfe der Diagramme Fig. 17 bis 22 wurden nun auch die Stromlinien der äußeren Strömung und die des Systems von Quelle und Senke in der auf S. 14 beschriebenen Weise konstruiert. Um die Ordinaten der Stromlinien gleich in der richtigen Größe aus den Diagrammen übertragen zu können, wurden diese photographisch auf das erforderliche Maß verkleinert; mit Hilfe dieser verkleinerten Diagramme wurden die Fig. 26 bis 31 konstruiert, in denen oberhalb der Achse die Stromlinien des Quellen- und Senkensystems, unterhalb der Achse schematisch die Verteilung der Quellen und Senken und die äußeren Stromlinien um die Meridiankurve des Modells gezeichnet sind. Das erstere Stromliniensystem ist für äquidistante Werte von $\frac{\Psi}{c}$ gezeichnet, bei der Konstruktion der äußeren Stromlinien wurde die Verschiebung der Parabel so ausgeführt, daß die Stromlinien im Unendlichen äquidistant sind.

Mit Hilfe der Stromlinien des Quellen- und Senkensystems wurde nun auch, wie es auf Seite 15 beschrieben ist, der Druckverlauf längs der Modelloberflächen ermittelt, indem zunächst die Größe der Geschwindigkeit V längs der Oberfläche durch die angegebene Konstruktion gefunden und nun der dieser Geschwindigkeit entsprechende Druck aus der Druckgleichung:

$$\frac{p}{h_0} = 1 - \left(\frac{V}{a}\right)^2$$

berechnet wurde. Der Druckverlauf für die verschiedenen Modelle ist in den später folgenden Fig. 43a bis 48a wiedergegeben, und zwar durch die gestrichelten Linien (siehe S. 42 und 43). Am vorderen Scheitel sämtlicher Modelle herrscht Überdruck gleich der Geschwindigkeitshöhe der Strömung, dann fällt der Druck ziemlich rasch ab und hat für einen großen Teil der Oberfläche negative Werte, um dann am hinteren Scheitel wieder auf die volle Geschwindigkeitshöhe anzusteigen. Aus den Figuren ist sehr gut der Einfluß der Formgebung der Modelle auf den Druckverlauf zu erkennen; ein stumpfer Kopf liefert starke Saugwirkung, eine schlanke Zuspitzung sichert allmählichen Verlauf des Druckes.

Führt man die Integration des Druckes über die Oberfläche aus, indem man ihn als Funktion von y^2 aufträgt, so erkennt man durch Planimetrieren der Diagramme (Fig. 43b bis 48b) leicht, daß der Widerstand sämtlicher Modelle gleich Null ist, wie es ja bei der Potentialströmung auch sein muß.

Fig. 26—31. Stromlinien der Quellen- und Senkensysteme und der Strömungen um die Modelle.

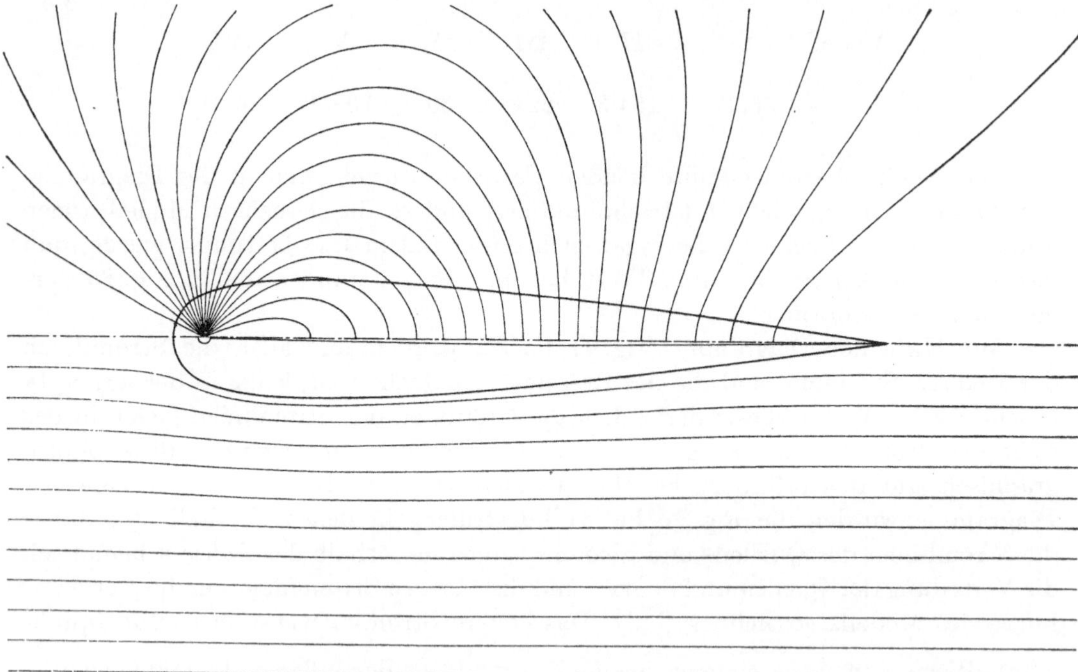

Fig. 26. Modell I.

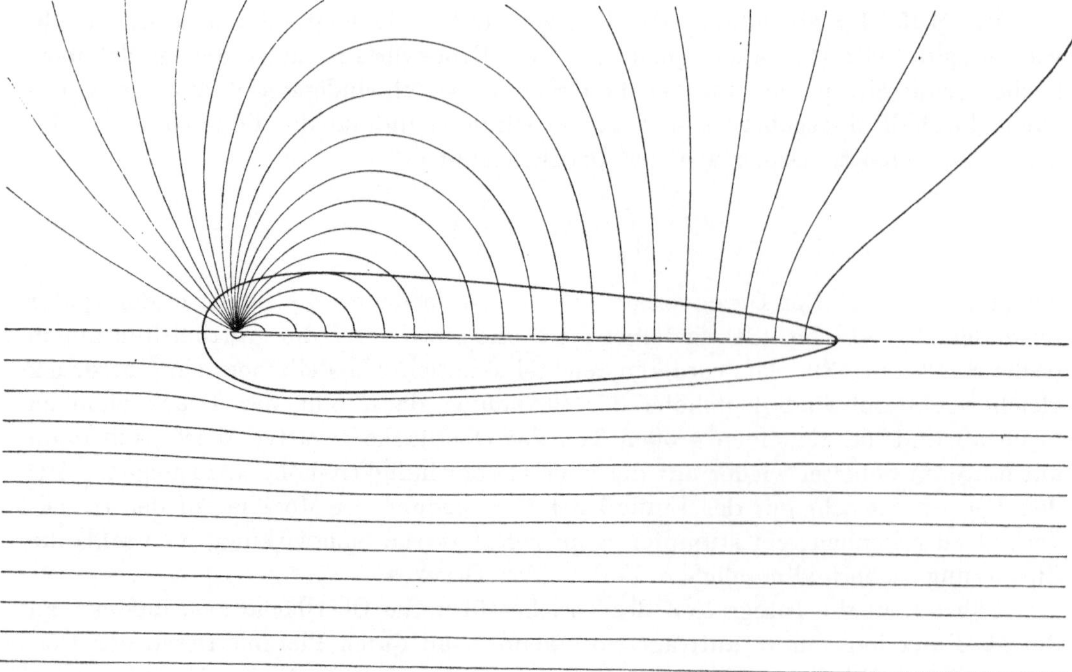

Fig. 27. Modell II.

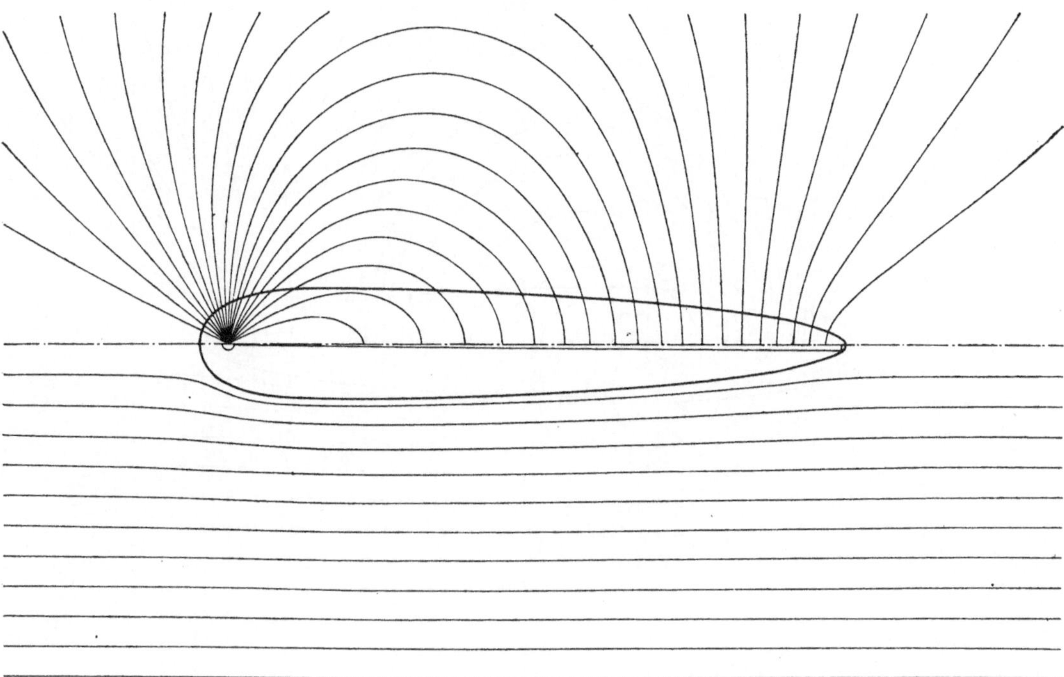

Fig. 28. Modell III.

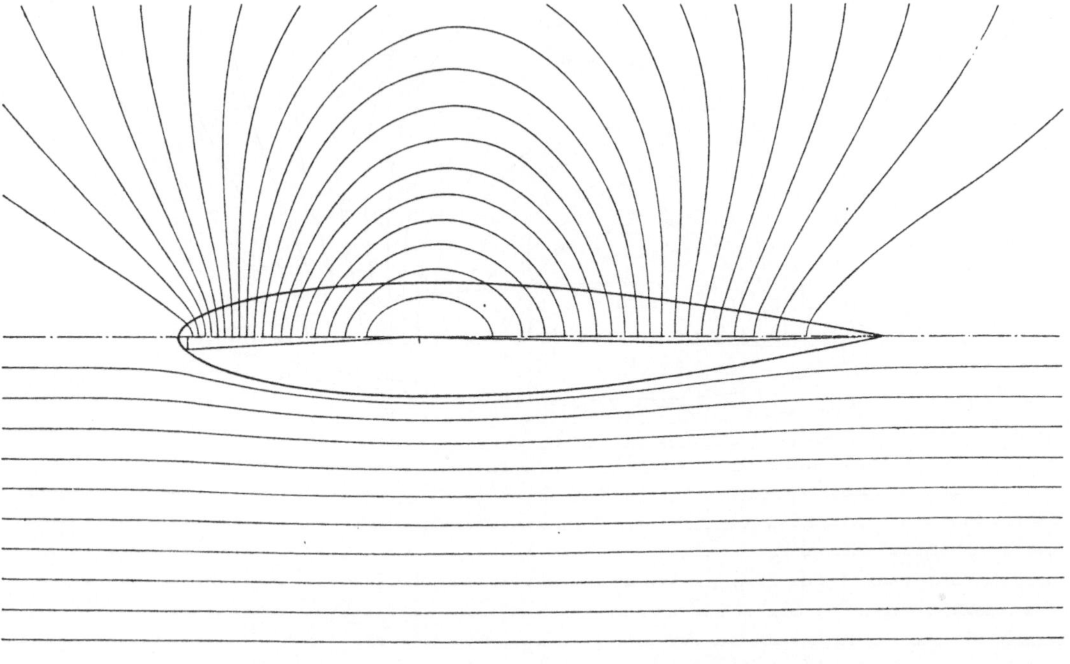

Fig. 29. Modell IV.

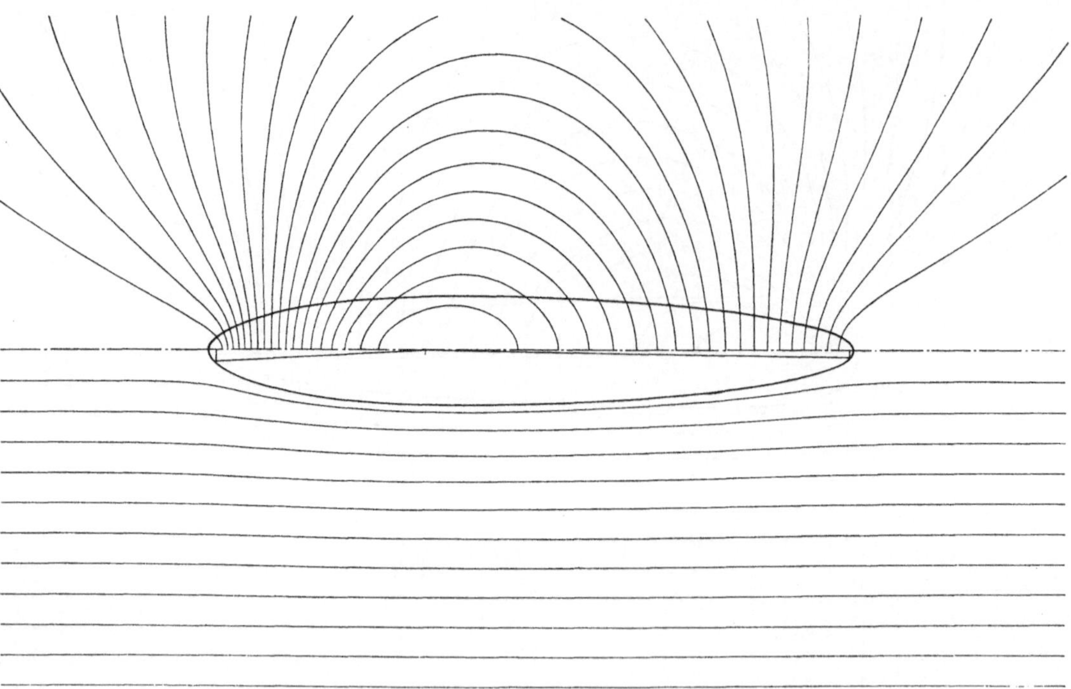

Fig. 30. Modell V.

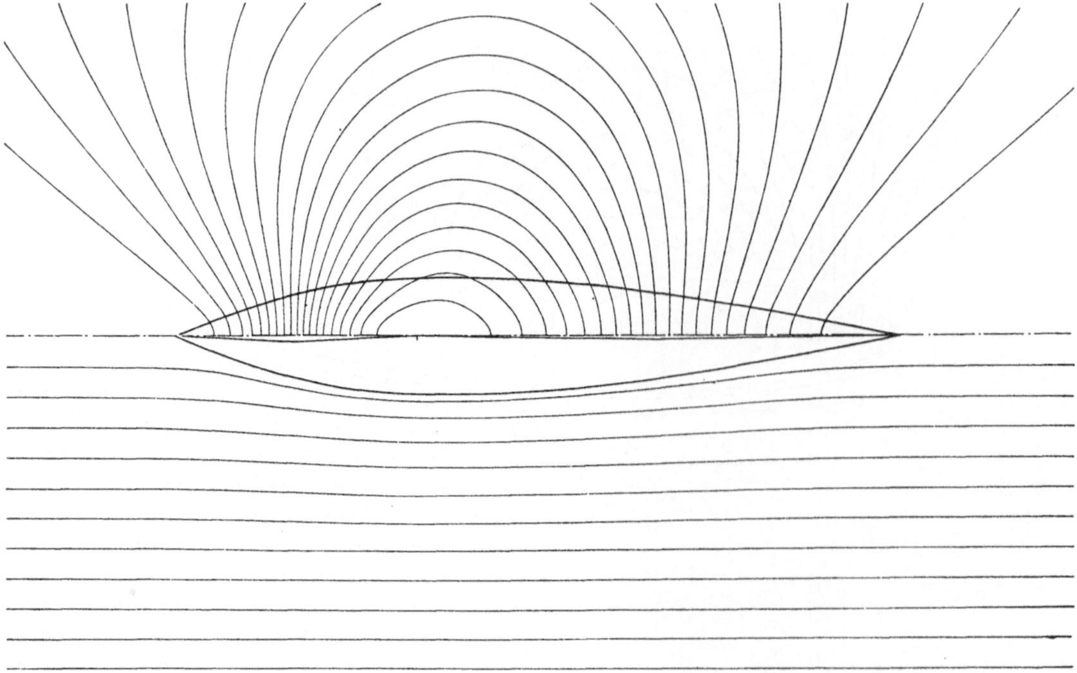

Fig. 31. Modell VI.

B. Experimentelle Untersuchungen.

I. Ausführung der Modelle.

Nach den in Fig. 25 gegebenen Zeichnungen wurden nun Modelle für die Untersuchung in einem künstlichen Luftstrome, dessen Geschwindigkeit bekannt war und verändert werden konnte, aus Metall hergestellt. An diesen Modellen sollte mittels feiner Anbohrungen eine Messung der Drücke, die durch den Luftstrom an den einzelnen Punkten der Modelloberfläche erzeugt werden, ausgeführt werden, um diese wirkliche Druckverteilung mit der für die reibungslose Flüssigkeit berechneten vergleichen und die Abweichungen von dieser feststellen zu können. Wenn man dann die axialen Komponenten der gemessenen Drücke über die Oberfläche integrierte, so mußte sich der Anteil des Widerstandes, der auf Rechnung der vom Luftstrom auf das Modell ausgeübten Normaldrücke zu setzen ist, also der Formwiderstand, ergeben [1]). Andrerseits sollte durch eine Wage der gesamte Widerstand, den die Modelle im Luftstrom erfuhren, gemessen werden; diese Messung lieferte also die Summe von Reibungs- und Formwiderstand, und durch Abziehen des aus der Druckverteilung ermittelten Formwiderstandes ergab sich dann der Reibungswiderstand als Rest. Da die Messung des Gesamtwiderstandes bei verschiedenen Geschwindigkeiten ausgeführt war, so konnte schließlich auch die Abhängigkeit des Reibungswiderstandes von der Geschwindigkeit untersucht werden.

Die Messung der Druckverteilung verlangt, daß die Modelle aus Metall hohl hergestellt wurden. Wegen ihrer Größe mußte eine Herstellung durch Drücken als zu teuer verworfen werden, auch hätte diese nicht die erforderliche Genauigkeit verbürgt. Es wurde deshalb folgendes Verfahren ausgearbeitet, das die Herstellung der Modelle auf galvanoplastischem Wege durch das eigene Personal der Versuchsanstalt ermöglichte und das sich nach Überwindung einiger Schwierigkeiten sehr gut bewährte.

Es wurde zunächst auf Zinkblech von Millimeterstärke die genaue Begrenzungskurve aufgezeichnet, und zwar in drei Teilen, die etwas übereinandergriffen, da die Modelle aus drei Teilen hergestellt werden sollten. Jeder Teil, der beim Herstellen des Modells als Schablone dienen sollte, wurde auf ein besonderes Blechstück gezeichnet, außerdem wurde parallel der Mittellinie im Abstande von 10 cm eine Hilfslinie eingerissen. Jede Kurve wurde dann ausgeschnitten, nach der Zeichnung genau gefeilt und auf ein Brett genagelt, so daß die bearbeitete Kante frei überstand. Zum Anfertigen eines Modellteils wurde eine solche Schablone auf dem Kreuzsupport einer Drehbank befestigt; die Brettdicke war so gewählt, daß die Oberfläche der Schablone sich genau in Höhe der Drehbankspitzen befand. Mittels einer Lehre und der eingerissenen Hilfslinie wurde nun die Mittellinie der Schablone genau mit der Drehbankachse zusammenfallend eingestellt. Diese Schablone diente zum Herstellen eines Gipsmodells, das nachher für die Verkupferung noch

[1]) Vgl. L. Prandtl, Einige für die Flugtechnik wichtige Beziehungen aus der Mechanik. Zeitschrift für Flugtechnik und Motorluftschiffahrt 1910, S. 63 u. ff.).

mit einem dünnen Paraffinüberzuge versehen wurde. Das Gipsmodell mußte deshalb im Durchmesser etwas dünner gehalten werden, als der Schablone entsprach; diese wurde daher mit Hilfe der Supportspindel um ein bis zwei Millimeter an die Achse herangeschoben. Auf die Drehbankspindel wurde nun mittels eines eisernen Gewindestücks ein Holzfutter aufgeschraubt; dieses trug einen blechernen Hohlkörper, der als Gerüst für das Gipsmodell diente (siehe Fig. 32). Auf diesen Hohlkörper wurde Gipsbrei aufgetragen; wenn die Gipsschicht genügend stark war,

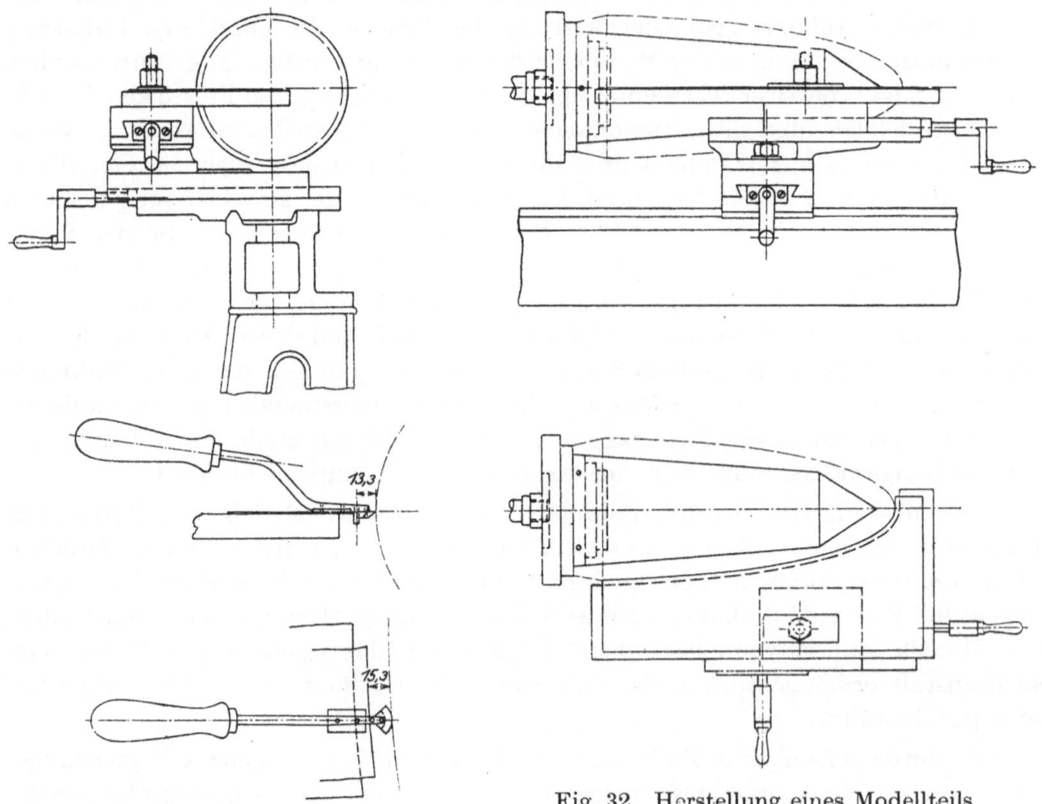

Fig. 33. Drehstahl.

Fig. 32. Herstellung eines Modellteils auf der Drehbank.

drehte sie sich beim Laufen der Drehbankspindel selbsttätig ab, und es entstand so ein Rotationskörper, der im Durchmesser etwas kleiner als das fertige Modell war. Nach genügendem Trocknen wurde auf diesen eine Paraffinschicht von einigen Millimetern Dicke aufgetragen; nach dem Erhärten derselben wurde eine zweite Schablone auf den Kreuzsupport gesetzt, die in derselben Weise wie die erste hergestellt war, nur bildete die Begrenzungskurve zu der ersten eine Äquidistante im Abstande von 15 mm. Auch diese Schablone wurde in derselben Weise wie die erste ausgerichtet; an ihr wurde dann ein besonders konstruierter Drehstahl entlang geführt und so die Paraffinschicht auf den gewünschten Durchmesser abgedreht. Der Drehstahl besitzt eine kreisbogenförmige Schneide (siehe Fig. 33) und wurde an der Schablone mittels eines zylindrischen Stiftes geführt; die Kreisbogenform der Schneide sorgt dafür, daß durch unrichtiges Halten des Drehstahls keine Ungenauigkeiten entstehen können. Um die genaue Lage zu sichern, ist er mit einer Führungsplatte versehen, die man auf der Blechschablone entlanggleiten läßt, dabei befindet sich die Schneide des Drehstahls genau in der Höhe der Drehbankspitzen. Wenn also die Schablone richtig eingestellt war, konnte der Arbeiter, ohne auf die Führung des Stahls besondere Sorgfalt zu verwenden, mit leichtester Mühe ein genaues Modell herstellen. Der Abstand der Anlagestelle des Führungsstiftes von der Schneidkante des Drehstahls beträgt 15,3 mm, so daß das Paraffinmodell um 0,3 mm, das ist die Dicke des Kupferniederschlages, kleiner war, als der ersten Schablone entsprach. Nachdem so die drei Teile eines Modells hergestellt und genau abgedreht waren, wurden sie durch Bepinseln mit Graphit leitend gemacht und dann einzeln in ein Verkupferungsbad gebracht. Die Verkupferungsanlage, die für diese Zwecke eingerichtet wurde, zeigt Fig. 34. Sie besteht aus einer

Fig. 34. Verkupferungsanlage.

kleinen Galvanoplastikdynamo, die durch einen vom Netz gespeisten Elektromotor angetrieben wird. Oberhalb der Dynamo befindet sich die Schalttafel für den Motor, links über den Bädern die Schalttafel der Dynamo mit Regulierwiderstand, Strom- und Spannungsmesser und den nötigen Schaltern für die beiden Bäder. Über dem einen Bad hängt ein Modell fertig zum Herunterlassen in das Bad. Die Bäder sind mit einer Rührvorrichtung versehen, die von der Dynamowelle aus angetrieben wird und die Badlösung während des Arbeitens auf gleichmäßiger Mischung erhält. Der Strom wurde den leitendgemachten Modellen durch ein herumgelegtes Kupferband zugeführt; der Maximalstrom betrug etwa 30 bis 35 A. Die genügende Dicke des Niederschlages, etwa 0,3 bis 0,4 mm, wurde für ein Modellteil in etwa 24 Stunden erreicht; zur Erzielung eines gleichmäßigen Niederschlages mußte die richtige Stromdichte möglichst genau eingehalten werden. Nach Beendigung der Verkupferung wurde das Holzfutter wieder auf die Drehbank geschraubt und nun der Niederschlag, der natürlich nicht vollkommen glatt war, durch Bearbeitung mittels feiner Feilen und Schmirgelpapier geglättet; das Abdrehen verbot sich von selbst wegen der zu geringen Dicke. Bei der Bearbeitung diente die erste Schablone zum Kontrollieren der genauen Form. In einer Meridian-

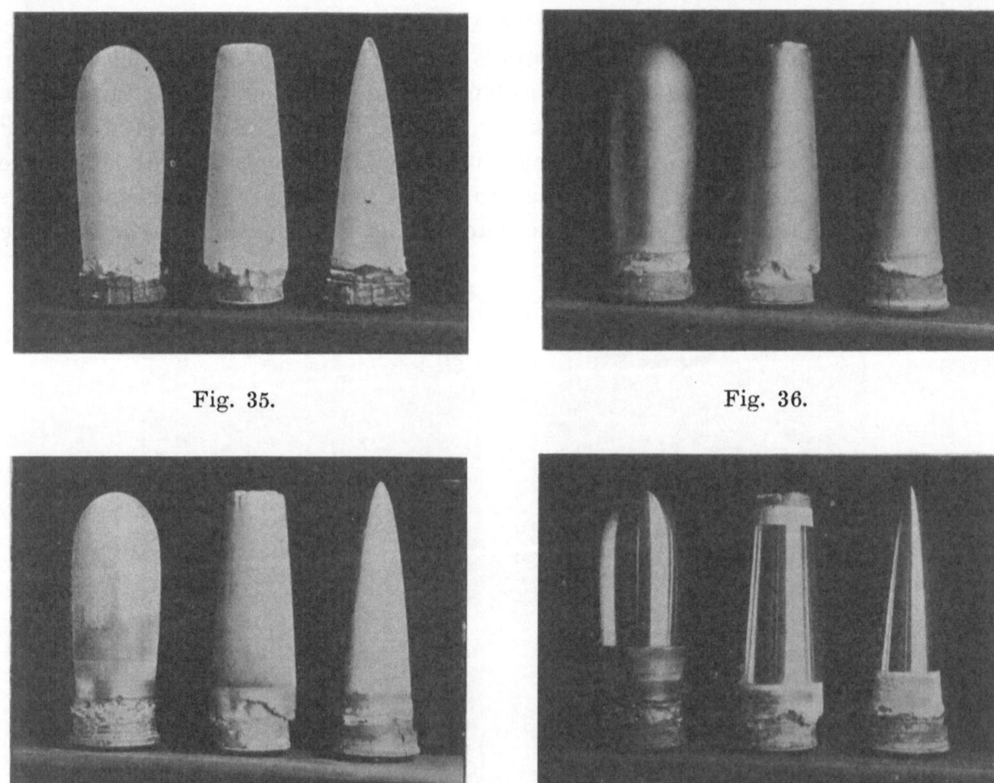

Fig. 35. Fig. 36.

Fig. 37. Fig. 38.

Fig. 35—38. Modell in verschiedenen Stadien der Herstellung.

ebene wurden dann eine Reihe feiner Bohrungen (0,8 mm) angebracht in einem Abstand von etwa 2 cm längs der Erzeugenden, die für die spätere Druckmessung dienen sollten, und dann der Kupfermantel genau an den Stellen, an denen er mit den beiden anderen Teilen desselben Modells vereinigt werden sollte, abgestochen und durch Erwärmen von dem Paraffinmodell losgelöst. Fig. 35 bis 38 stellen den Werdegang eines Modells (Nr. II) dar; Fig. 35 gibt die drei Gipsmodelle wieder, Fig. 36 dieselben mit Paraffin überzogen und leitend gemacht, Fig. 37 die drei verkupferten Modelle nach dem Herausnehmen aus dem Bade und Fig. 38 nach dem Bearbeiten und Abstechen auf richtige Länge. Den Querschnitt eines fertigen Modells zeigt Fig. 39. Die drei Kupfermäntel sind mittels eingepaßter gedrehter Messingringe zusammengefügt und gelötet, durch Einsetzen von zwei Blechböden ist das Innere des Modells in drei Räume zerlegt. Jeder Raum steht durch einen Schlauch mit einem Anschlußstück in Verbindung, das an der Innenwandung des mittelsten

Fig. 39. Querschnitt eines fertigen Modells.

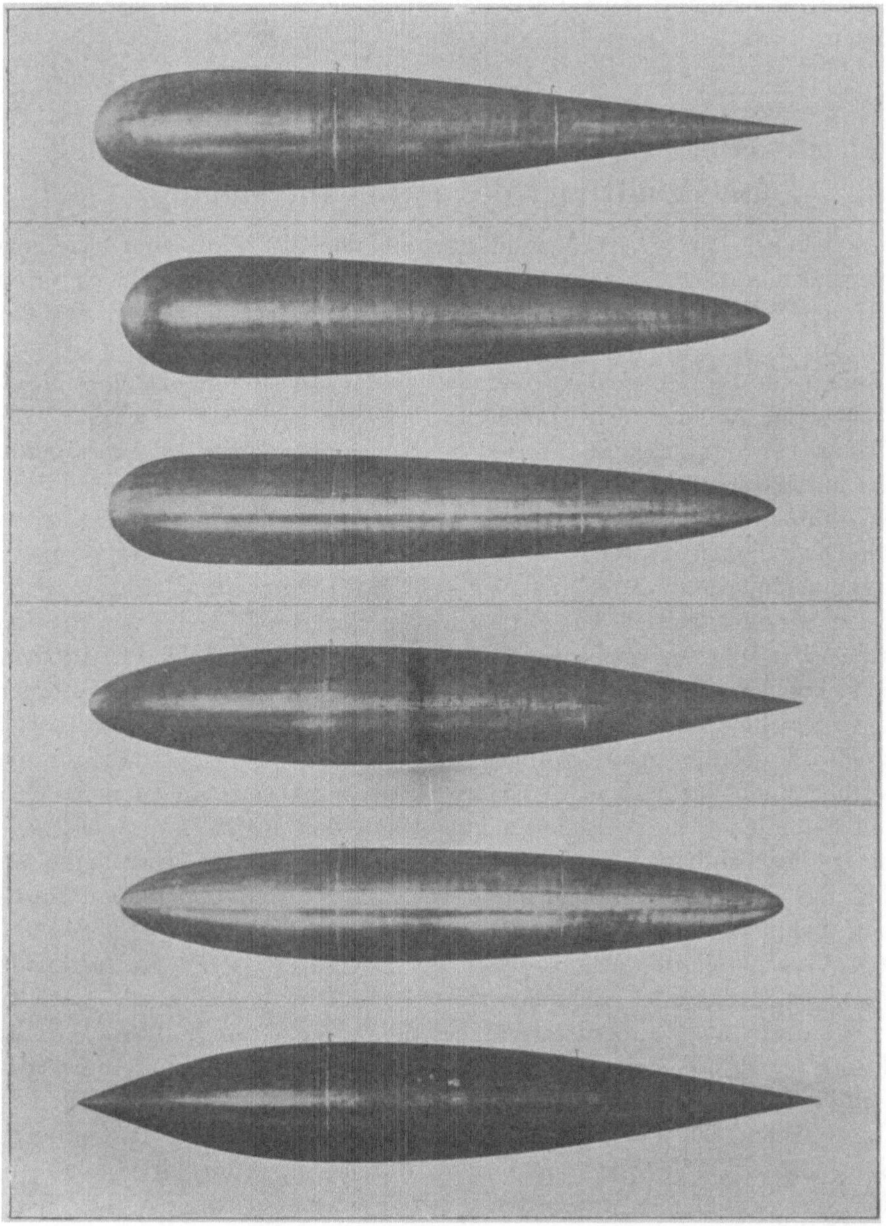

Fig. 40. Ansicht der sechs Modelle.

Teils angelötet ist. Dies Anschlußstück trägt drei nach außen führende Bohrungen; in diese können für die Druckverteilungsmessung Schlauchansätze eingeschraubt werden, mittels deren die drei Hohlräume einzeln an Manometer angeschlossen werden können. Außerdem trägt jedes Modell noch zwei Haken, die für die Aufhängung im Versuchskanal dienen. Nach der Fertigstellung wurden die Modelle nochmals abgeschliffen und mit Zaponlack lackiert. Eine photographische Aufnahme der sechs Modelle zeigt Fig. 40, an einigen ist auch die Reihe der Anbohrungen (auf dem ganzen Umfang etwa 100—120 Stück, je zwei symmetrisch zur Achse) zu erkennen.

II. Messung der Druckverteilung an den Modellen und Ermittlung des Formwiderstandes.

Die Versuche, die in der Versuchsanstalt der Motorluftschiff-Studiengesellschaft ausgeführt wurden, zerfallen in zwei Teile, in die Messung der Druckverteilung, aus der durch Integration über die Oberfläche der Formwiderstand der Modelle berechnet wurde, und in die Ermittlung des Gesamtwiderstandes.

Bezüglich der Einrichtung der Versuchsanstalt sei auf die Beschreibung derselben hingewiesen, die durch den Leiter, Prof. Dr. L. Prandtl, in seinem Vortrage auf der Hauptversammlung des Vereins deutscher Ingenieure 1909 gegeben ist [1]). Es sei hier nur erwähnt, daß in der Anstalt in einem quadratischen Tunnel von etwa 4 qm Querschnitt durch einen Schraubenventilator ein Luftstrom erzeugt wird, dessen Geschwindigkeit zwischen etwa 2 m/sec und 10 m/sec beliebig einstellbar ist und, einmal eingestellt, durch einen sehr empfindlichen automatischen Regulator während der Versuche zeitlich konstant erhalten wird, unabhängig von Spannungsschwankungen in der Leitung des den Ventilator antreibenden Elektromotors. Durch Verteilungs- und Beruhigungseinrichtungen ist dafür gesorgt, daß auch die örtlichen Unterschiede der Geschwindigkeit im Querschnitt des Kanals möglichst gering sind; die größten Abweichungen der Geschwindigkeit von dem mittleren Werte betragen nicht mehr als etwa 1 bis 2 %, wenn man nur ein mittleres Quadrat von 1,4 m Seitenlänge in Betracht zieht. Nach den Rändern des Querschnitts zu ist infolge des Einflusses der Kanalwände ein stärkerer Geschwindigkeitsabfall vorhanden, der aber die Messungen nicht stört, da der Modellquerschnitt nur etwa 1 % des Kanalquerschnittes beträgt.

Durch die Einstellung des automatischen Regulators ist die Luftgeschwindigkeit im Versuchskanal oder vielmehr die Geschwindigkeitshöhe des Luftstromes gegeben; es wurde aber außerdem bei jedem Versuche die Luftgeschwindigkeit mittels Pitotscher Röhre gemessen. Die Druckdifferenz, die sich an dem Instrument einstellt und mittels Mikromanometers gemessen wird, beträgt 0,977 der Geschwindigkeitshöhe; der Faktor 0,977 wurde durch Eichung des Instruments am Rundlauf ermittelt. Das Instrument kann durch eine Führung von außen auf jeden beliebigen Punkt des Kanalquerschnittes eingestellt werden, bei einer Be-

[1]) Die Bedeutung von Modellversuchen für die Luftschiffahrt und Flugtechnik und die Einrichtungen für solche Versuche in Göttingen. Z. d. Ver. deutsch. Ing. 1909, S. 1711.

wegung längs einer Senkrechten kann gleichzeitig eine Registrierung seiner Angabe ausgeführt werden, so daß also die Bestimmung der mittleren Geschwindigkeit dadurch sehr erleichtert ist. Wegen der Einzelheiten der Geschwindigkeitsmessung sei außer auf die erwähnte Beschreibung der Versuchsanstalt auch auf die Dissertation von Dr.-Ing. O. Föppl: „Windkräfte an ebenen und gewölbten Platten" (Jahrbuch der Motorluftschiff-Studiengesellschaft 1910—1911, S. 77) hingewiesen.

Für die Messung der Druckverteilung wurden die Modelle in der Mitte des Kanals, möglichst genau ausgerichtet, an feinen Drähten aufgehängt. Mittels der eingeschraubten Anschlußstücke wurden drei dünne Gummischläuche angeschlossen und, durch ein Rohr verkleidet, gemeinsam nach außen geführt. Der Querschnitt des Rohres war derartig, daß es der Strömung möglichst wenig Hindernis bot. Die Aufhängung des Modells und das Verkleidungsrohr für die Schläuche sind aus Fig. 41 zu ersehen. Im Beobachtungsraum waren die Schläuche an einen Hahnschalter (siehe Fig. 42) angeschlossen, der die drei Räume eines Modells nacheinander mit dem Mikromanometer in Verbindung zu bringen gestattete. Das Mikromanometer war andrerseits an eine seitliche Bohrung der Wandung des Kanals angeschlossen. Der hier herrschende Druck entsprach ziemlich genau dem statischen Druck im Luftstrom, so daß also der Ausschlag des Mikromanometers direkt ein Maß für den Über- oder Unterdruck war, der durch den Luftstrom an der betreffenden Stelle des Modells erzeugt wurde. Das Mikromanometer ist von der gewöhnlichen Bauart; es besteht aus einem zylindrischen gußeisernen Gefäß, das mit Alkohol gefüllt wird und mit einer geneigten, mit Millimeterskala versehenen Glasröhre in Verbindung steht; die Neigung der Röhre kann nach einer Skala eingestellt werden. Die Eichung erfolgt durch allmähliches Auffüllen mit Alkohol; dadurch bekommt man eine Beziehung zwischen der Steighöhe des Alkohols in der Röhre und der aus der hineingefüllten Alkoholmenge zu berechnenden Druckdifferenz, die man zweckmäßig in Millimeter Wassersäule ausdrückt. Meist wurden zwei Mikromanometer benutzt; das eine diente zur Messung der Überdrücke, das andere zur Messung der Unterdrücke. Auf der Photographie Fig. 42 sind die beiden Mikromanometer und der Hahnschalter zu sehen, ebenso auch das für die Geschwindigkeitsmessung dienende Mikromanometer mit Registriervorrichtung.

Fig. 41. Aufhängung des Modells im Kanal.

Die Messungen wurden nur bei der größten Luftgeschwindigkeit ausgeführt, da eine Kontrollmessung bei einer niedrigeren Geschwindigkeit keine merklich andere Druckverteilung ergab, wenn man die gemessenen Drücke auf die Geschwindigkeitshöhe der ungestörten Strömung als Einheit bezog, und da andrerseits die Messung der Druckverteilung bei verschiedenen Geschwindigkeiten einen sehr großen Zeitaufwand erfordert hätte.

Fig. 42. Mikromanometer für die Druckmessung und Mikromanometer mit Registriervorrichtung für die Geschwindigkeitsmessung.

Bei den Messungen wurde nun folgendermaßen verfahren: Vor dem Aufhängen eines Modells wurden die Ränder der Anbohrungen mittels eines kleinen Instrumentes sorgfältig abgerundet, so daß etwa vorhandener Grat sicher beseitigt war; dann wurden sämtliche Bohrungen mit einer Mischung aus Wachs und Vaseline verklebt, nur zwei symmetrisch zur Achse gelegene Bohrungen in jedem der drei Abteile des Modells blieben geöffnet. Die gleichzeitige Öffnung zweier symmetrischer Bohrungen hatte den Zweck, geringe Ungenauigkeiten der Einstellung des Modells in die Kanalachse zu eliminieren. Das Modell wurde nun aufgehängt und mittels des Hahnschalters zunächst das Vorderteil an das Mikromanometer angeschlossen, nach dem Einschalten des Ventilators stellte sich dann im Hohlraum derselbe Druck ein, der an der Bohrung durch den Luftstrom erzeugt wurde, und konnte am Manometer abgelesen werden. Dann wurde ebenso der mittlere und hintere Raum angeschlossen und dort ebenfalls die Drücke abgelesen. Hierauf wurde der Ventilator abgestellt, die eben benutzten Bohrungen verschlossen und die nächsten drei Lochpaare geöffnet und so allmählich das ganze Modell durchgemessen.

Die mittlere Geschwindigkeitshöhe der ungestörten Strömung wurde für jedes Modell durch eine Messung in der mittleren Senkrechten bestimmt; das Pitotrohr befand sich dabei etwa 1,5 m hinter dem Modellende. Aus den Messungen ergaben sich für die sechs Modelle folgende Werte der Geschwindigkeitshöhe:

Modell:	I	II	III	IV	V	VI
h:	5,78	5,85	5,78	5,74	5,77	5,81 mm WS.

In den Tabellen Nr. V bis X sind die Koordinaten der Anbohrungen für die sechs Modelle enthalten, ebenso die gemessenen Drücke nach der Auswertung in mm WS. Die letzte Spalte der Tabellen enthält die Drücke, bezogen auf die Geschwindigkeitshöhe der ungestörten Strömung. Trägt man diese letzteren Werte als Funktion von x auf, so bekommt man die in Fig. 43 a bis 48 a dargestellten Druckverteilungen, in die zum Vergleich auch der nach dem früher angegebenen Verfahren ermittelte theoretische Druckverlauf gestrichelt eingezeichnet ist.

Aus den Figuren ist ersichtlich, daß die gemessene Druckverteilung längs eines großen Teiles der Modelloberflächen sehr gute Übereinstimmung mit der aus der Potentialströmung berechneten zeigt. Nur bei einem Modell (Nr. I) zeigt sich schon am Vorderteil eine ziemlich erhebliche Abweichung in dem Gebiete des Unterdruckes. Diese Abweichung ergab sich auch bei Kontrollmessungen stets in derselbeu Weise, es muß also bei diesem Modell bereits am Vorderteil eine Abweichung von der Potentialströmung stattfinden, die wohl auf die Bildung von Wirbeln zurückzuführen ist und die bei den anderen Modellen nicht auftr at. Bei sämtlichen Modellen ist aber in der gleichen Weise eine bedeutende Abweichung von der theoretischen Druckverteilung am hinteren Ende zu erkennen, der wirkliche Überdruck erreicht dort bei weitem nicht den Betrag der Geschwindigkeitshöhe, den die Theorie für die ideale Flüssigkeit fordert. Nach der Ablösungstheorie von Prof. Prandtl ist dies auch vollkommen erklärlich, denn an dem hinteren Ende der Körper, wo die durch die Reibung verzögerte Strömung in ein Gebiet höheren Druckes eintritt, sind die Bedingungen für die Ablösung der Strömung und die Ausbildung von Wirbeln gegeben; diese Wirbel entsprechen dem, was man bei einem Schiff als Kielwasser bezeichnet.

Die Resultierende der axialen Komponenten der gemessenen Drücke ergibt den Formwiderstand der Modelle. Zu seiner Bestimmung muß man, wie auf S. 10 ausgeführt ist, die Drücke als Funktion von y^2 auftragen; dabei erhält man die in Fig. 43b bis 48b wiedergegebenen Diagramme. In diese Diagramme ist zum Vergleich auch der theoretische Druckverlauf eingetragen. Durch Planimetrieren der Diagrammflächen erhält man den numerischen Wert des Formwiderstandes; man kann auch, wenn man die Flächenstücke planimetriert, die von den beiden Achsen und einem Kurvenast bis zur Endordinate begrenzt sind, den Widerstand von Vorder- und Hinterteil trennen. Die Formwiderstände ergeben sich auf die Geschwindigkeitshöhe bezogen, die zahlenmäßigen Werte für die sechs Modelle sind:

Modell:	I	II	III	IV	V	VI
W_1/h_0:	1,307	1,47	1,456	1,13	1,18	1,28 g/mm WS.

Der Koeffizient des Formwiderstandes hat, wie er hier angegeben ist, die Dimension einer Fläche; wir wollen ihn zu einer dimensionslosen Größe machen, indem wir den Formwiderstand auf eine Fläche beziehen (vgl. den Artikel von Prof. Prandtl: „Bemerkungen über Dimensionen und Luftwiderstandsformeln“ in der Zeitschrift für Flugtechnik und Motorluftschiffahrt 1910, S. 159). Nach dem dort gemachten Vorschlag wollen wir den Widerstand durch $J^{2/3}$ ausdrücken und nicht, wie es im Schiffbau üblich ist, durch den größten Querschnitt (Hauptspantquer-

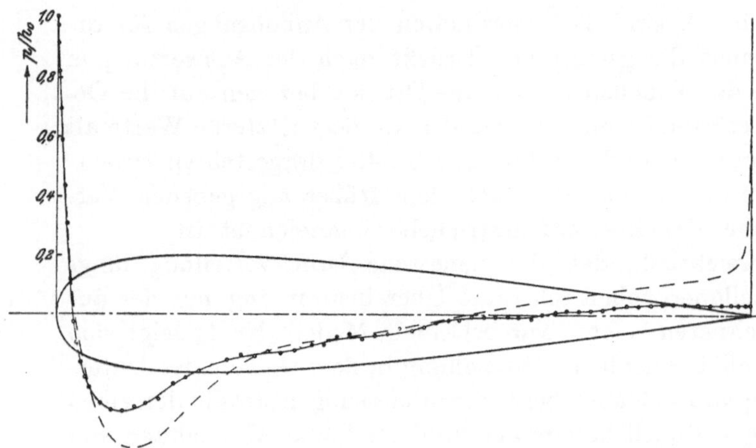
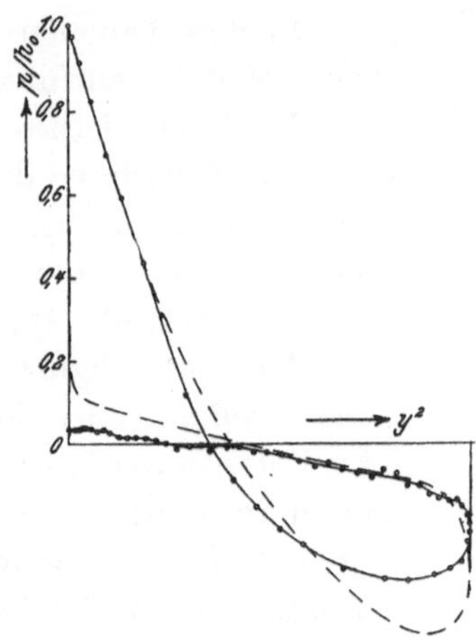

Fig. 43 a und b.

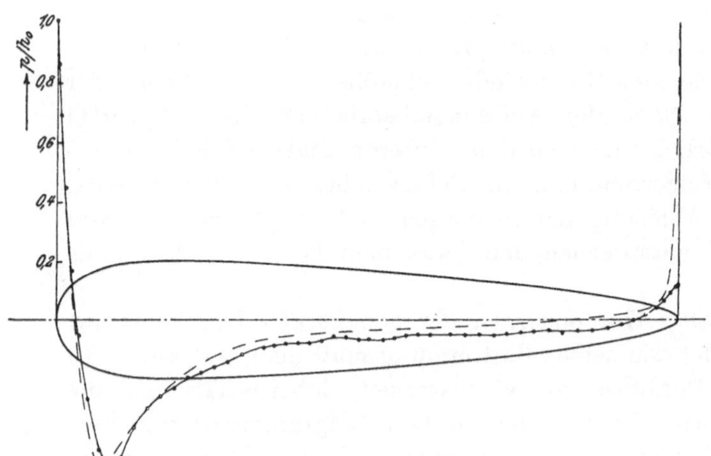
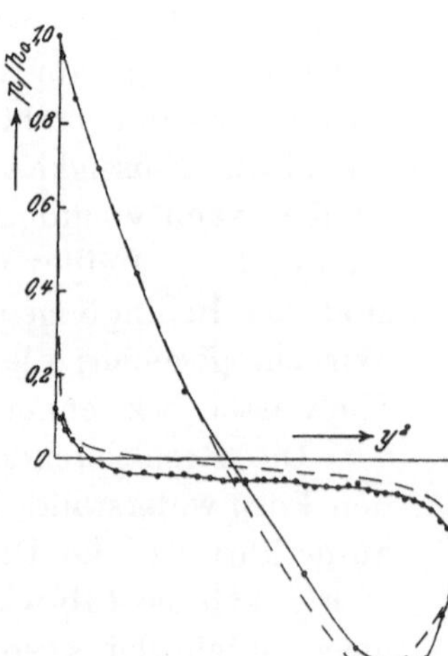

Fig. 44 a und b.

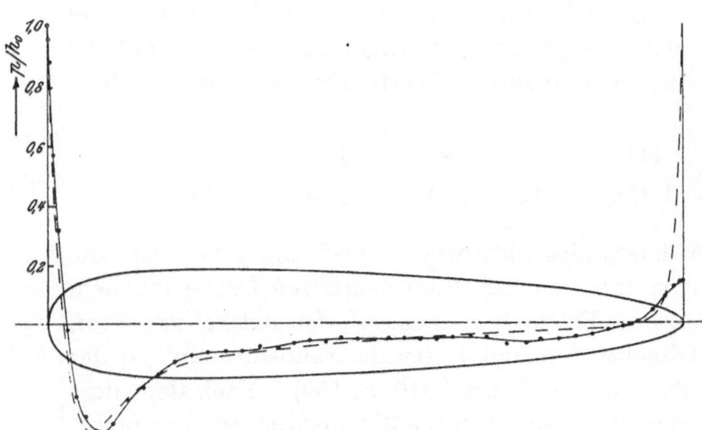
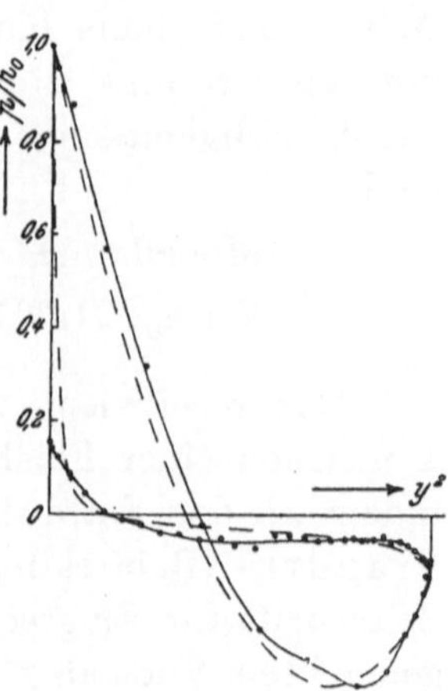

Fig. 45 a und b.

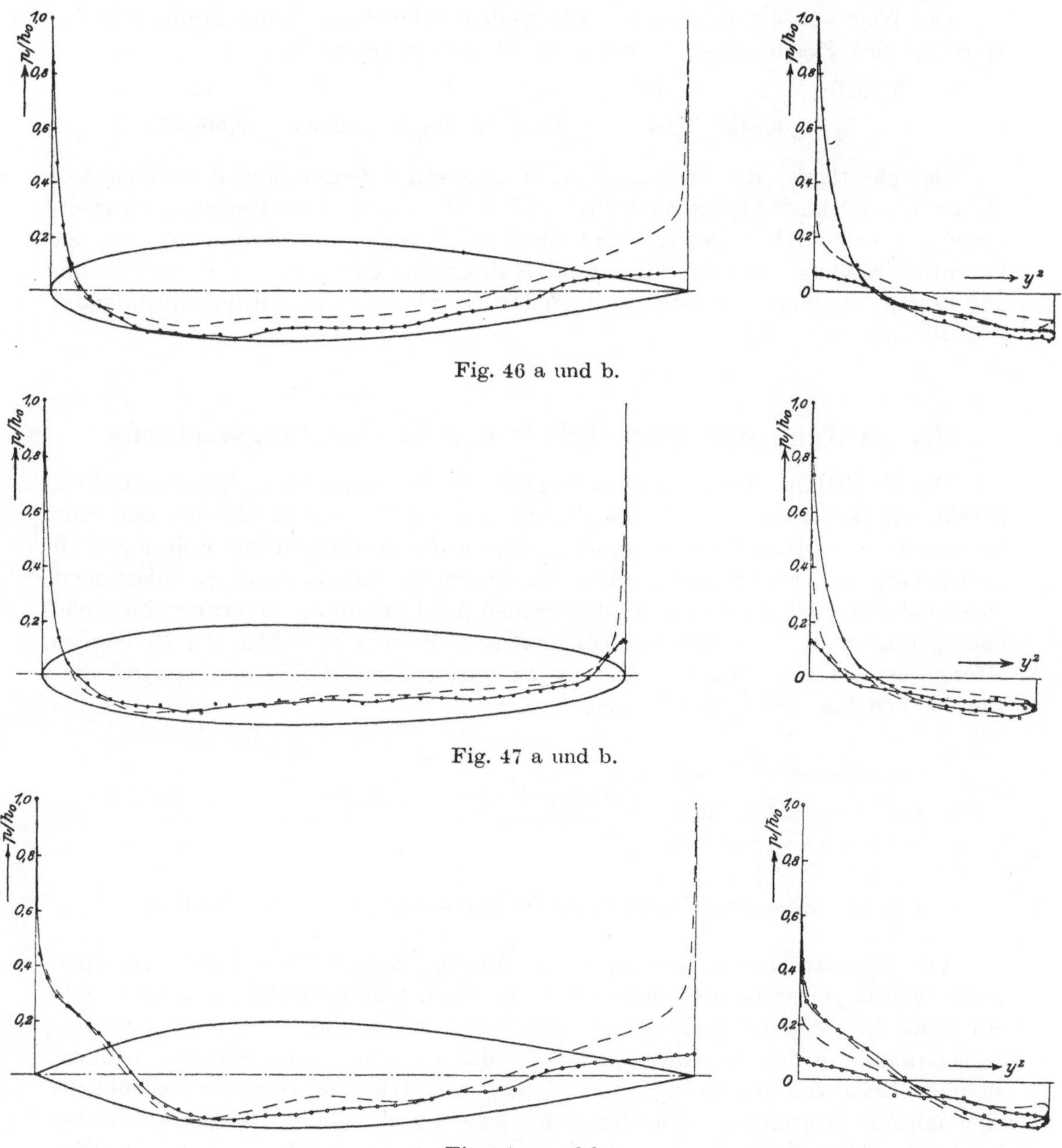

Fig. 46 a und b.

Fig. 47 a und b.

Fig. 48 a und b.

Fig. 43a—48a. Berechnete und gemessene Druckverteilungen.
Fig. 43b—48b. Ermittlung der Formwiderstände.

schnitt); denn für ein Luftschiff kommt in erster Linie das Volumen in Betracht, der Hauptspantquerschnitt hat gar keine weitere Bedeutung. Wir drücken also den Formwiderstand durch die Beziehung aus:

$$W_f = \xi_1 \cdot J^{2/3} \cdot V^2 \cdot \frac{\gamma}{g}.$$

Der Wert von $J^{2/3}$ beträgt für alle Modelle 0,0692 qm, damit ergibt sich der Wert für den Koeffizienten ξ_1 der sechs Modelle folgendermaßen:

Modell:	I	II	III	IV	V	VI
ξ_1:	0,00945	0,0106	0,0105	0,00816	0,00853	0,00927.

Das günstigste, also den kleinsten Widerstand liefernde Modell ist demnach Nr. IV, ihm folgen der Reihe nach Nr. V, VI, I, III und II. Die Messung der Druckverteilung hatte schon gezeigt, daß die Abweichungen der Strömung von der Potentialströmung, die den Widerstand Null ergibt, nur gering sind, und in der Tat beträgt der Formwiderstand für Modell Nr. IV bei einer Luftgeschwindigkeit von 10 m/sec nur 6,9 g.

III. Prüfung der Zulässigkeit der Beobachtungsmethode.

Die Ermittlung des Formwiderstandes aus der gemessenen Druckverteilung beruht auf der Annahme, daß die Bohrungen der Modelle tatsächlich den dort herrschenden statischen Druck messen. Durch das Anbringen der Bohrungen ist aber gerade an der betreffenden Stelle die Oberfläche verändert, es ist daher nicht ausgeschlossen, daß durch das Vorbeiströmen der Luft an der Bohrung eine wenn auch geringe Saug- oder Druckwirkung auftritt, die eine Korrektur der Messungen erforderlich machen könnte. Um dies zu untersuchen, wurde ein Apparat entworfen, den Fig. 49 im Schnitt zeigt.

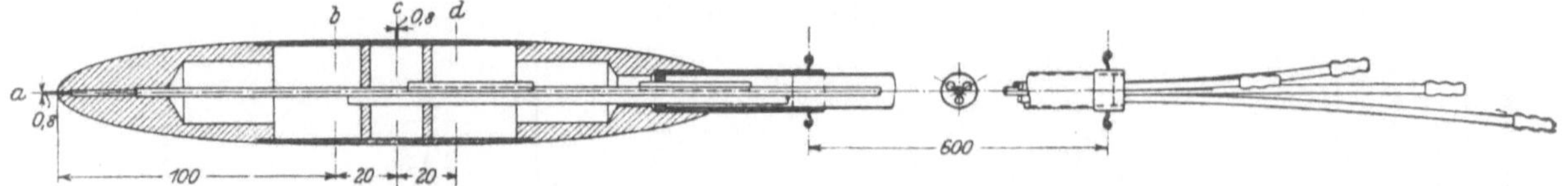

Fig. 49. Apparat zur Untersuchung der Saugwirkung an den Meßöffnungen.

Der Apparat besteht aus einem aus Messing hergestellten Rotationskörper, der sorgfältig poliert ist und dem eine solche Form gegeben wurde, daß ein glatter Anschluß der Strömung gesichert ist. Das Innere des Körpers ist durch eingelötete Scheidewände in drei Kammern geteilt, in der Wandung jeder Kammer befindet sich eine Reihe von Anbohrungen b, c, d, außerdem trägt der Kopf des Instruments eine zentrale Bohrung a. Von dieser aus ist ein Rohr durch den ganzen Körper hindurchgeführt, ebenso ist aus jeder Kammer ein Rohr nach hinten herausgeführt. Das aus den vier Rohren bestehende Bündel ist etwa 60 cm lang und wird noch an zwei Stellen durch Messingscheiben zusammengehalten. Die Rohre sind zur Unterscheidung auf verschiedene Längen abgeschnitten, jedes trägt am Ende eine Schlauchtülle. Das ganze Instrument kann mittels einer am hinteren Ende befindlichen Hülse auf ein Messingrohr aufgesteckt werden, welches das ganze Rohrbündel durch sich hindurchtreten läßt; durch einen Führungsstift wird eine Verdrehung des Instrumentes beim Aufstecken verhindert. Das Tragrohr trägt vier Haken; mit deren Hilfe wurde der Apparat im Versuchskanal fest verspannt, so daß er sich genau in der Achse desselben befand (vgl. die Aufnahme Fig. 50). Durch diese Einrichtung war es möglich, den Apparat aus dem Kanal herauszunehmen und ihn nachher, ohne an der Verspannung etwas zu ändern, genau wieder an seine Stelle zu bringen.

Der der Untersuchung zugrunde liegende Gedanke ist nun folgender:

Wenn an der Bohrung eine Saug- oder Druckwirkung auftritt, so muß man diese, indem man die Bohrung zunächst so fein als möglich ausführt und allmählich erweitert, durch Extrapolation des gemessenen Druckes auf den Lochdurchmesser Null ermitteln können. Als veränderliche Bohrung dienten zwei diametral gegenüberliegende Löcher an der Stelle b, zwischen diese und die Bohrung c wurde, um die Veränderung des Druckes an der Bohrung b möglichst genau messen zu können, ein sehr empfindlich eingestelltes Mikromanometer geschaltet; dies war möglich, da die Druckdifferenz zwischen b und c nur klein ist (vgl. die Druckverteilung an den Ballonmodellen). Das Loch c hatte einen Durchmesser von 0,8 mm, die Lochreihe d kommt für diese Untersuchung gar nicht in Betracht. Es wurde also die Differenz $p_b - p_c$ gemessen und daraus durch Extrapolation für den Lochdurchmesser Null die Differenz $p_{b_0} - p_c$ ermittelt. Außerdem wurde mit einem wenig empfindlichen Mikromanometer die Druckdifferenz $p_a - p_c$ gemessen, und da durch die Extrapolation $p_{b_0} - p_c$ bekannt war, so ergab sich damit auch die Differenz $p_a - p_{b_0}$. Diese entspricht aber der Geschwindigkeitshöhe der Strömung an der Stelle b, und es ist somit möglich, die bei einem bestimmten Lochdurchmesser d auftretende Saug- oder Druckwirkung, die durch die Differenz $p_b - p_{b_0}$ dargestellt wird, auf die Geschwindigkeitshöhe an der betreffenden Stelle zu beziehen.

Fig. 50. Ansicht des Apparats im Kanal.

Der Durchmesser der Bohrungen b betrug zunächst 0,13 mm. Die Messungen wurden bei der größten Windgeschwindigkeit ausgeführt; nachdem sich der Druck eingestellt hatte, was wegen der Feinheit der Bohrungen ziemlich lange dauerte, wurde das Instrument aus dem Kanal herausgenommen und die Bohrungen auf 0,25 mm erweitert und die Messung so schrittweise bis zu einem Durchmesser von 1,1 mm fortgesetzt. Nach Ausführung einer Bohrung wurde jedesmal der entstehende Grat durch Abschleifen mit feinem Schmirgelpapier entfernt; das Schmirgelpapier war auf Holz aufgeleimt, damit es sich nicht in die Bohrungen eindrücken konnte und die Ränder scharfkantig blieben. Nur die Bohrung von 0,8 mm wurde auch mit abgerundeten Rändern untersucht, es ergab sich, daß die Abrundung die Saugwirkung etwas vermindert.

Die gemessenen Druckdifferenzen, die wegen ihrer Kleinheit natürlich etwas unsicher sind, sind folgende:

d:	0,13	0,25	0,4	0,5	0,6 mm
$p_b - p_c$:	0,0053	— 0,0124	— 0,025	— 0,0278	— 0,0257 mm WS
d:	0,7	0,8	0,9	1,0	1,1 mm
$p_b - p_c$:	— 0,0271	— 0,0256	— 0,0244	— 0,0244	— 0,0233 mm WS.
		— 0,0247 (Lochrand abgerundet).			

Trägt man diese Differenzen als Funktion des Durchmessers auf, so ergibt sich durch Extrapolation auf den Durchmesser Null die Differenz $p_{b_0} - p_c$ zu 0,028 mm WS; da gleichzeitig die Differenz $p_a - p_b$ 6 mm WS betrug, so ist die Ge-

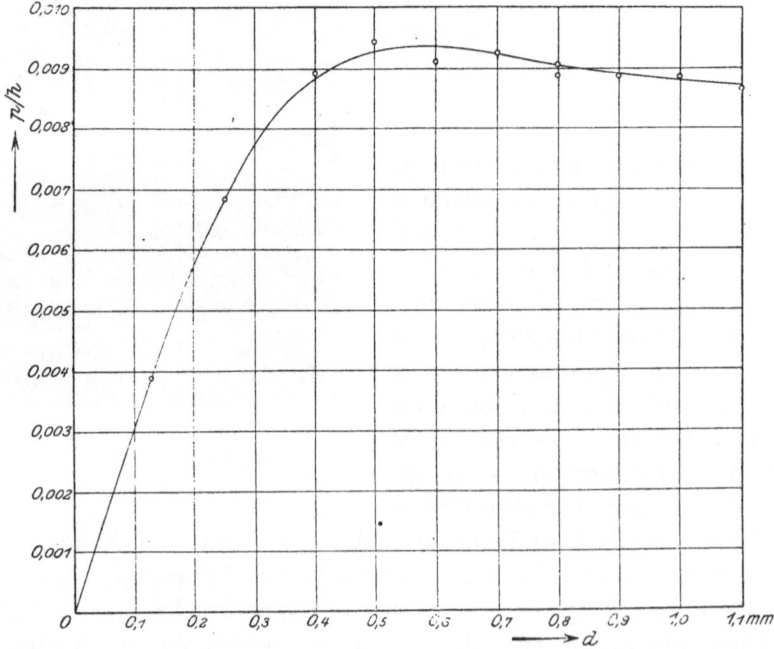

Fig. 51. Abhängigkeit der Saugwirkung vom Durchmesser der Bohrung.

schwindigkeitshöhe an der Stelle b 5,97 mm WS. Drückt man nun die Differenz $p_{b_0} - p_b$, die die durch das Loch vom Durchmesser d hervorgebrachte Saugwirkung darstellt, in Prozenten der Geschwindigkeitshöhe an der Stelle b aus, so erhält man das in Fig. 51 wiedergegebene Diagramm. Aus diesem ist ersichtlich, daß die Saugwirkung schlimmstenfalls etwa 1 % der Geschwindigkeitshöhe ausmacht; für eine Bohrnug von 0,8 mm mit abgerundetem Rand beträgt sie 0,89 %. Wegen dieser Kleinheit ist bei den Messungen keine Rücksicht darauf genommen worden, da sich die Ermittelung des Formwiderstandes doch nicht mit einer so großen Genauigkeit ausführen läßt.

IV. Messung des Gesamtwiderstandes und Ermittlung des Reibungswiderstandes.

Den zweiten Teil der Versuche bildete die Messung des Gesamtwiderstandes der Modelle. Die Modelle wurden zu diesem Zwecke so im Versuchskanal aufgehängt, wie es die schematische Skizze Fig. 52 zeigt. Von der Modellaufhängung führte nach vorn ein feiner Draht in der Richtung der Kanalmittellinie; dieser teilte sich dann in zwei andere, die mit ihm Winkel von je 120⁰ bildeten und mit ihm in derselben Horizontalebene lagen. Der eine dieser beiden war, wie es in der Figur angedeutet ist, zu einem festen Punkt geführt, der andere führte durch eine Aussparung in der Wandung des Versuchskanals zu einer kleinen Laufgewichtswage im Beobachtungsraum, deren Konstruktion aus Fig. 53 ersichtlich ist. Diese maß die Spannung in dem zu ihr führenden Draht und damit auch die von dem Luftstrom auf das Modell einschließlich der Aufhängung ausgeübte Kraft; zur Erzielung einer ruhigen Einstellung war die Wage mit einer kleinen einstellbaren Öldämpfung versehen. Eine Verschiebung des Laufgewichts der Wage um einen Zentimeter entsprach einer Kraft von zwei Gramm. Damit die von der Wage gemessene Kraft gleich der betreffenden Luftkraft ist, müssen die Winkel der Drähte möglichst genau gleich 120⁰ eingestellt werden; diese Einstellung geschah mit Hilfe einer unter dem Kreuzungspunkte der Drähte wagerecht aufgestellten Spiegelplatte, auf der drei Linien unter Winkeln von je

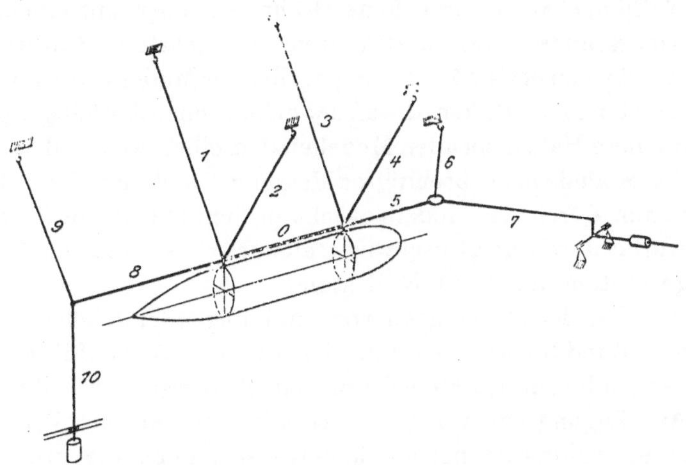

Fig. 52. Aufhängung eines Modells zur Widerstandsmessung.

Fig. 53. Laufgewichtswage.

120° eingeätzt waren. Die in der Figur angegebene Spannvorrichtung (bestehend aus den Drähten 8, 9, 10 und Gewicht) wurde fortgelassen, um den Widerstand der Aufhängung möglichst zu verringern; dafür wurden die Aufhängedrähte durch Verkürzung des Drahtes 5 etwas aus der senkrechten Ebene herausgezogen und so die nach vorn führenden Drähte mit Hilfe des Modellgewichtes gespannt. Der Widerstand der Aufhängung fiel bei den Messungen sehr unangenehm ins Gewicht, denn er betrug trotz möglichster Feinheit der Drähte (diese waren nur 0,15 mm dick) immer noch etwa die Hälfte des Modellwiderstandes. Jedes Modell war mittels der Aufhängehaken durch feine Drähte zunächst mit einem zur Verminderung des Luftwiderstandes vorn und hinten zugespitzten Stahlstabe verbunden, der im Abstande von etwa 15—20 cm parallel zur Modellachse ausgerichtet wurde. Der Stahlstab trug zwei Haken, die an der eigentlichen Aufhängung eingehängt werden konnten; da diese Haken bei allen Modellen denselben Abstand hatten, so war die Auswechslung der Modelle nach beendigter Messung leicht möglich. Die Spannung, die von vornherein durch das Modellgewicht in dem zur Wage führenden Draht erzeugt wurde, wurde durch ein Hilfsgewicht austariert, so daß das Laufgewicht der Wage bei abgestelltem Wind auf Null stand.

Bei den Messungen trat nun folgender Übelstand auf. Unter dem Einflusse des Winddruckes dehnten sich die zur Wage führenden Drähte etwas, dadurch verschob sich das Modell und sein Schwerpunkt senkte sich infolge der pendelnden Aufhängung ein wenig. Obwohl die horizontale Verschiebung maximal nur etwa einen Millimeter betrug, änderte sich doch die in die Richtung der Kanalachse fallende Komponente des Modellgewichts um einen Betrag, der etwa 12 % des zu messenden Widerstandes ausmachte. Diese Verschiebung wurde deshalb folgendermaßen in Rechnung gezogen. An der Modellaufhängung wurde eine kurze Millimeterskala angebracht und auf diese das Fadenkreuz eines im Beobachtungsraum aufgestellten Fernrohres eingestellt, so daß man die Verschiebung des Modells bei jeder Messung ablesen konnte. Um den Einfluß der Verschiebung zu bestimmen, wurde, nachdem der Wind abgestellt und die Wage ins Gleichgewicht gebracht war, die Länge des von der Aufhängung zur Wage führenden Drahtes stufenweise geändert, die dadurch hervorgebrachte Zurückweichung im Fernrohr abgelesen und die Verschiebung des Laufgewichtes bestimmt, die nötig war, um die Wage wieder ins Gleichgewicht zu bringen. Es ergab sich dabei eine lineare Beziehung, der Einfluß der Verschiebung betrug für das Modell Nr. II für 1 kg Modellgewicht 1,09 g/mm. Für die anderen Modelle wurde der Einfluß durch Umrechnen im Verhältnis der Modellgewichte ermittelt; so ergab sich für die sechs Modelle 3,70, 3,57, 3,44, 2,96, 3,28 und 2,88 g/mm.

Die Messung des Gesamtwiderstandes wurde für jedes Modell bei 14 verschiedenen Windgeschwindigkeiten ausgeführt, indem das Laufgewicht des automatischen Druckreglers, das eine 140 mm lange Skala besitzt, immer um je 10 mm verschoben wurde. Bei jeder Messung wurde eine Geschwindigkeitsaufnahme ausgeführt; als Mittelwert der sechs Messungen, die sehr wenig voneinander abwichen, ergab sich der im Diagramm Fig. 54 dargestellte Verlauf für die Abhängigkeit der Geschwindigkeitshöhe von der Reglerstellung. Da der Druckregler auf konstante Geschwindigkeitshöhe und nicht auf konstante Geschwindigkeit reguliert, so war, weil die Messungen zu verschiedenen Zeiten erfolgten, die Geschwindigkeit für die einzelnen Modelle bei gleicher Reglerstellung etwas verschieden; sie ergibt sich aus der Geschwindigkeitshöhe nach der Beziehung:

$$V = \sqrt{\frac{2\,g \cdot h_0}{\gamma}},$$

wobei γ das unter Berücksichtigung des Barometerstandes und der Temperatur zu berechnende spezifische Gewicht der Luft ist.

Es wurde also für jede Druckreglerstellung die Einstellung der Wage und mittels des Fernrohrs die Zurückweichung des Modells beobachtet; unter Berücksichtigung der durch

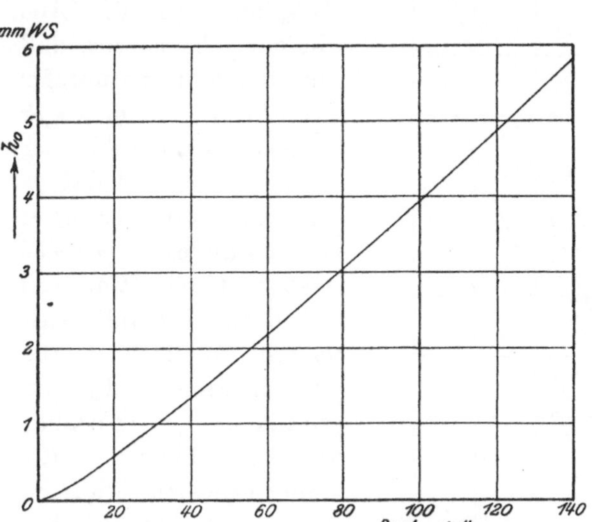

Fig. 54. Abhängigkeit der Geschwindigkeitshöhe von der Einstellung des Druckreglers.

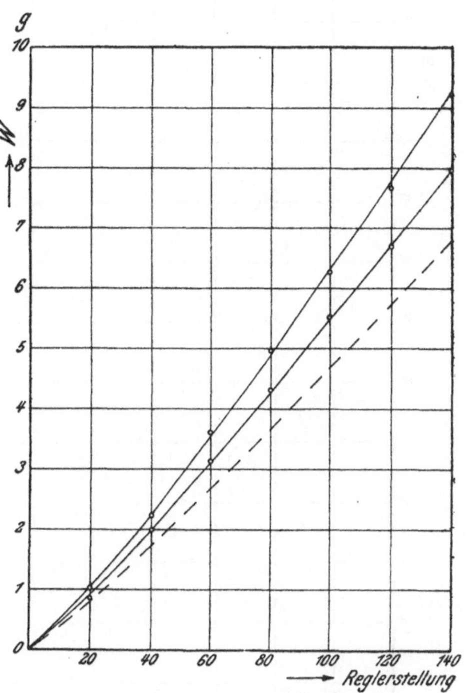

Fig. 55. Widerstand der Aufhängung bei verschiedenen Stellungen des Druckreglers.

die Zurückweichung bedingten Korrektur ergab sich dann der Widerstand von Modell + Aufhängung als Funktion der Geschwindigkeitshöhe bzw. der Geschwindigkeit. Es mußte nun noch der Widerstand der Aufhängung getrennt bestimmt werden. Zu diesem Zweck wurde nach Abnahme des Modells an der Befestigungsstelle des einen Modellhakens ein Draht angebracht, der durch ein Loch im Boden des Versuchskanals frei hindurchging und unten ein Gewicht trug, um die Aufhängungsdrähte gespannt zu halten. Der Widerstand dieser veränderten Aufhängung wurde unter denselben Vorsichtsmaßregeln wie der eines Modells als Funktion der Druckreglerstellung bestimmt; die Resultate enthält Tabelle XI. Um den Widerstand des nach unten führenden Spanndrahtes zu eliminieren, wurde noch ein zweiter Draht an der Stelle angebracht, wo der zweite Modellhaken sich befunden hatte, und nun wieder der Widerstand gemessen (siehe Tabelle). In dem Diagramm Fig. 55 sind die Ergebnisse der beiden Messungen durch die beiden ausgezogenen Linien dargestellt; der Unterschied zwischen beiden entspricht dem Widerstand eines einzelnen Spanndrahtes. Bringt man diese Differenz von der ersten Messung nochmals in Abzug, so ergibt sich die punktierte Linie, die also den Widerstand der Aufhängung ohne Spanndrähte darstellt. Die den verschiedenen Druckreglerstellungen entsprechenden Werte wurden nun bei den Modellmessungen in Abzug gebracht. So entstanden die Tabellen XII bis XVII, die die gesamten Messungsergebnisse nach Ausführung der Korrekturen enthalten. Trägt man die Modellwiderstände als Funktion der Luftgeschwindigkeit auf, so bekommt man das Diagramm Fig. 56. Aus diesem geht hervor, daß die Modelle mit stumpfer Kopfform ungünstiger sind als die mit schlanker oder spitzer, und daß es zur Erzielung geringen Widerstandes zweckmäßig ist, das Hinterteil möglichst schlank auslaufen zu lassen. Die Modellformen sind ja von vornherein so gewählt, daß ein kleiner Luftwiderstand zu erwarten war, es überraschte aber doch die geringe Größe desselben, denn er beträgt für das günstigste Modell (Nr. IV) nur etwa $^1/_{18}$ des Widerstandes einer kreisförmigen Scheibe von gleichem Durchmesser und etwa $^1/_{21}$ des Widerstandes einer Kugel von gleichem Volumen (bei einer Windgeschwindigkeit von 10 m/sec).

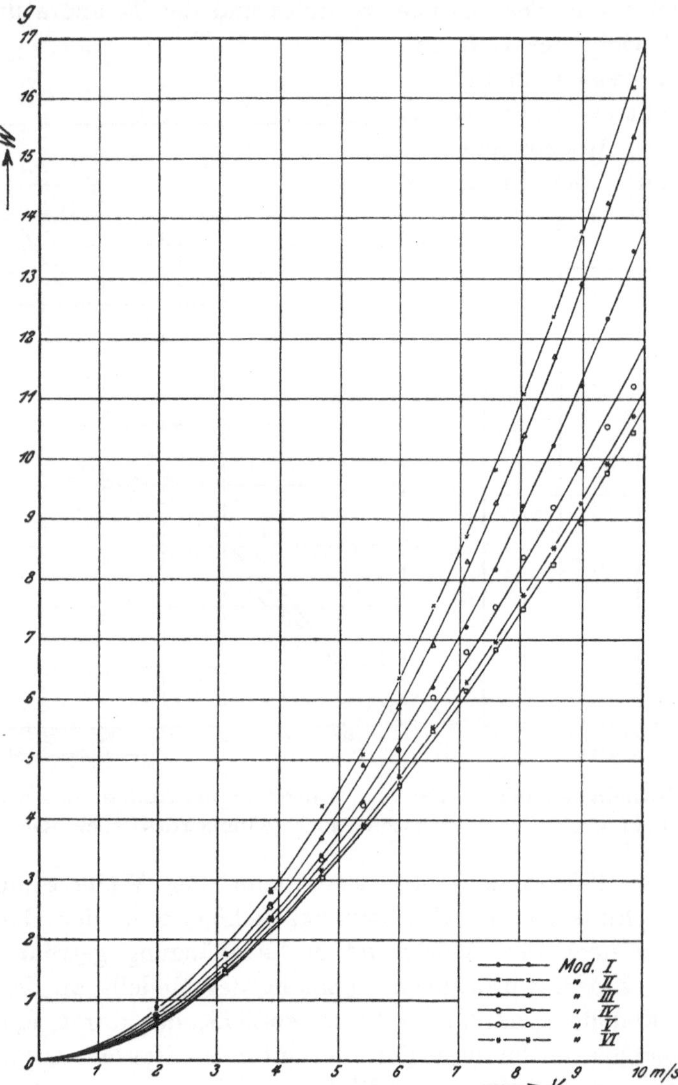

Fig. 56. Modellwiderstände als Funktion der Luftgeschwindigkeit.

Drückt man den Gesamtwiderstand in gleicher Weise wie den Formwiderstand aus, indem man ihn auf die Geschwindigkeitshöhe und auf $J^{2/3}$ bezieht, so ergibt sich für den Koeffizienten ξ des Gesamtwiderstandes der sechs Modelle der in Fig. 57 dargestellte Verlauf. Das Diagramm zeigt, daß der Koeffizient ξ (der nach den ausgleichenden Kurven in Fig. 56 berechnet wurde) mit zunehmender Geschwindigkeit abnimmt, oder auch, daß die Beziehung zwischen dem Gesamtwiderstand und der Geschwindigkeitshöhe nicht linear ist. Da der eine Teil des Gesamtwiderstandes, der Formwiderstand, der Geschwindigkeitshöhe proportional anzunehmen ist, so läßt sich die Abnahme des Koeffizienten ξ nur dadurch erklären, daß der andere Teil des Widerstandes, der Reibungswiderstand, nicht proportional der Geschwindigkeitshöhe wächst.

Zieht man von den nach Fig. 56 korrigierten Werten des Gesamtwiderstandes, die in den vierten Spalten der Tabellen XII bis XVII enthalten sind, den aus der Integration der Druckverteilung berechneten Formwiderstand (Spalte 6) ab, so ergeben sich für den Reibungswiderstand W_2 der sechs Modelle die in den letzten Spalten der Tabellen XII bis XVII enthaltenen Werte. Um zu untersuchen, ob sich diese Widerstände durch eine Potenz der Geschwindigkeit ausdrücken lassen, wollen wir mittels Logarithmenpapiers $\log W_2$ als Funktion von $\log V$ auftragen; wenn sich dann durch die Punkte eine Gerade legen läßt, so bedeutet dies, daß der Reibungswiderstand einer Potenz der Geschwindigkeit proportional ist, deren Exponent aus der Neigung der Geraden bestimmt werden kann. Da der Reibungswiderstand weniger von dem Volumen abhängt als vielmehr von der Größe der Oberfläche, so wollen wir ihn auf letztere beziehen. Durch eine Dimensionsbetrachtung (vgl. den bereits zitierten Aufsatz von Prof. Prandtl, Zeitschrift für Flugtechnik und Motorluftschiffahrt 1910, S. 158) findet man, daß sich der Reibungswiderstand in folgender Form darstellen läßt:

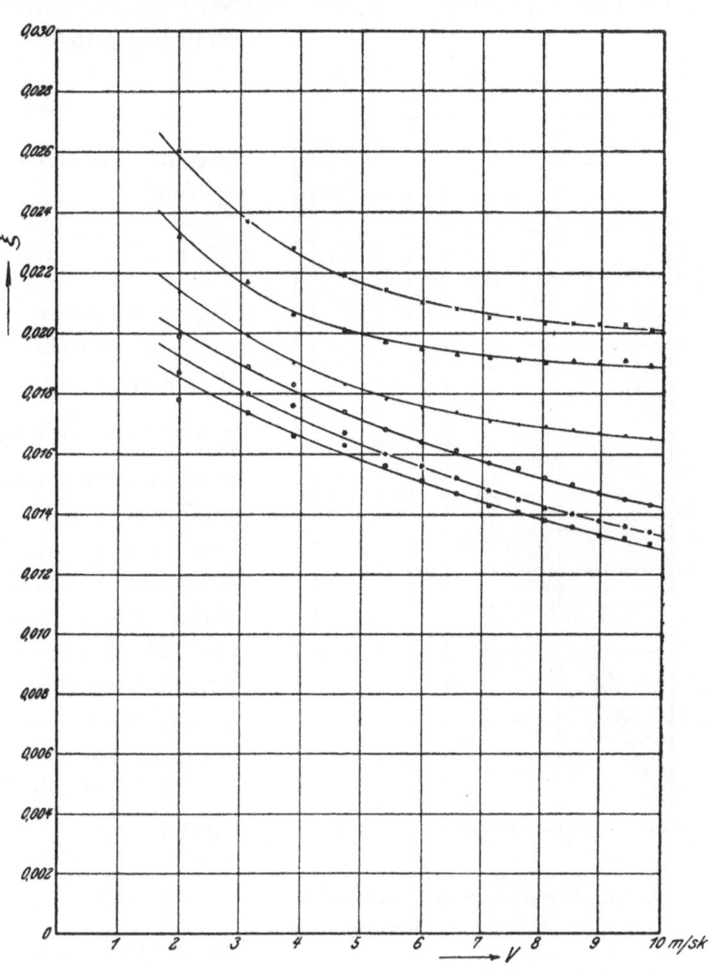

Fig. 57. Koeffizienten des Gesamtwiderstandes.

$$W_2 = C \cdot d^{\beta} \cdot V^{\beta} \left(\frac{\gamma}{g}\right)^{\beta-1} k^{2-\beta}.$$

Dabei bedeutet d eine beliebige lineare Dimension des Körpers, $\frac{\gamma}{g}$ die Dichte und k die Zähigkeit der Luft. Da in der Praxis die Dichte und die Zähigkeit wenig veränderlich sind, so wollen wir $C \cdot \left(\frac{\gamma}{g}\right)^{\beta-1} \cdot k^{2-\beta}$ zu einer Konstanten α zusammenfassen und außerdem statt der linearen Dimension die Oberfläche einführen; wir schreiben also:

$$W_2 = \alpha \cdot O^{\frac{\beta}{2}} \cdot V^{\beta}.$$

Bei der logarithmischen Auftragung würde gelten:

$$\log W_2 = \log \alpha + \frac{\beta}{2} \log O + \beta \log V.$$

Wir bekommen also, wenn eine lineare Beziehung zwischen $\log W_2$ und $\log V$ besteht, den Exponenten β aus der Neigung der Geraden und die Summe $(\log \alpha + \frac{\beta}{2} \log O)$ als den Abschnitt auf der Ordinatenachse. Die Auftragung der Versuchswerte (Fig. 58) ergibt zwar ziemliche Abweichungen von einer linearen Beziehung zwischen $\log W_2$ und $\log V$, diese scheinen aber in der Hauptsache in der Unsicherheit der Versuchswerte begründet zu sein. Wenn man deshalb das Potenzgesetz als zu Recht bestehend annimmt, so bekommt man für die sechs Modelle folgende Werte für α und β:

Modell:	I	II	III	IV	V	VI
$10^4 \cdot \alpha$:	2,06	2,55	2,16	2,50	2,59	2,24
β:	1,74	1,78	1,81	1,49	1,54	1,48.

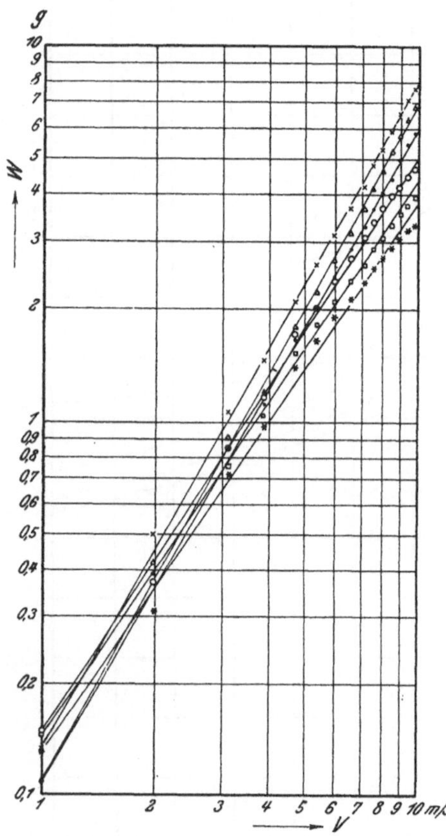

Fig. 58. Ermittlung des Exponenten für den Reibungswiderstand.

Diese Werte zeigen, daß der Reibungswiderstand langsamer wächst als das Quadrat der Geschwindigkeit [1]), und daß der Exponent β für die Modelle mit kleinerem Formwiderstand (IV, VI, V) niedriger ist als für die anderen, daß also die Formen mit kleinem Formwiderstand auch inbezug auf den Reibungswiderstand sich vor den anderen auszeichnen.

Die Modelle wurden zum Schluß auch umgekehrt im Versuchskanal aufgehängt, so daß das schlanke Ende vom Luftstrom getroffen wurde, und nun wieder der Gesamtwiderstand gemessen; dabei ergaben sich für die größte Geschwindigkeit (9,81 m/sec) folgende Werte für den Koeffizienten ξ des Gesamtwiderstandes:

[1]) Von A. F. Zahm (Washington) wurde der Reibungswiderstand der Luft (an hölzernen Brettern) proportional der 1,85 ten Potenz der Geschwindigkeit und der 0,93. Potenz der Länge gefunden (vergl. Phil. Mag. 1904, S. 54).

Modell:	I	II	III	IV	V	VI
ξ:	0,0392	0,0462	0,0356	0,0158	0,0165	0,0152.

Diese Zahlen sprechen für die Zweckmäßigkeit der im praktischen Luftschiffbau üblichen Konstruktion, nach welcher man den größten Durchmesser des Luftschiffkörpers vor der Mitte der Länge annimmt.

C. Tabellen.

Tabelle I.

Halbkörper und Druckverteilung.

r	$\frac{8}{r}$	x	r^2	x^2	y^2	y	$\frac{48}{r^4}$	$\frac{8}{r^2}$	$\frac{p}{h_0}$
2,00	4,0	— 2,00	4,00	4,00	0,00	0,00	3,00	2,00	1,00
2,05	3,9	— 1,85	4,21	3,422	0,788	0,888	2,71	1,90	0,81
2,10	3,81	— 1,71	4,41	2,924	1,486	1,219	2,47	1,812	0,658
2,20	3,64	— 1,44	4,84	2,074	2,766	1,663	2,05	1,65	0,40
2,50	3,20	— 0,70	6,25	0,49	5,76	2,40	1,23	1,38	— 0,15
2,828	2,828	0,00	8,00	0,00	8,00	2,828	0,75	1,00	— 0,25
3,00	2,667	0,333	9,00	0,111	8,889	2,98	0,592	0,889	— 0,297
3,464	2,308	1,154	12,00	1,333	10,667	3,375	0,333	0,667	— 0,333
4,00	2,00	2,00	16,00	4,00	12,00	3,465	0,188	0,500	— 0,312
5,00	1,60	3,40	25,00	11,56	13,44	3,667	0,077	0,320	— 0,243
7,00	1,142	5,858	49,00	34,3	14,7	3,835	0,020	0,163	— 0,143
10,00	0,800	9,20	100,00	84,6	15,4	3,925	0,005	0,080	— 0,075
15,00	0,533	14,467	225,00	209,3	15,7	3,962	0,001	0,0355	— 0,035
20,00	0,400	19,60	400,00	384,2	15,8	3,978	0,0003	0,020	— 0,020

Tabelle II.

Werte von $\frac{\Psi}{c}$ für die punktförmige Quelle.

y	0,1	0,2	0,3	0,4	0,5	0,6	0,8	1,0	1,2	1,4
x = 0,05	0,5528	0,7575	0,8356	0,8763	0,9005	0,9169	0,9376	0,9500	0,9584	0,9643
0,10	0,283	0,5528	0,6838	0,7575	0,8038	0,8356	0,8763	0,9005	0,9169	0,9288
0,25	0,0718	0,219	0,360	0,470	0,5528	0,6153	0,7019	0,7575	0,7960	0,8243
0,50	0,020	0,0704	0,1426	0,219	0,293	0,360	0,470	0,5528	0,6153	0,6636
0,75	0,0084	0,0334	0,0704	0,120	0,1675	0,219	0,316	0,400	0,470	0,526
1,00	0,005	0,020	0,042	0,0716	0,106	0,1426	0,219	0,293	0,360	0,4186
1,50	0,002	0,0084	0,020	0,034	0,052	0,072	0,118	0,168	0,219	0,269
2,00	0,001	0,005	0,012	0,020	0,030	0,042	0,072	0,105	0,1426	0,181
3,00	0,0005	0,002	0,005	0,0084	0,014	0,020	0,034	0,052	0,072	0,094

Tabelle III.

Werte von $\frac{\Psi}{c}$ für die Quellstrecke mit konstanter Ergiebigkeit pro Längeneinheit.

y	0,1	0,2	0,3	0,4	0,5	0,6	0,8	1,0	1,2	1,4
x = 0,5	0	0	0	0	0	0	0	0	0	0
0,6	0,0039	0,0150	0,0290	0,0445	0,0589	0,0723	0,0944	0,1110	0,1230	0,1330
0,7	0,0091	0,0326	0,0627	0,0938	0,1229	0,1488	0,1914	0,2233	0,2477	0,2665
0,8	0,0174	0,0582	0,1062	0,1528	0,1951	0,2325	0,2932	0,3392	0,3744	0,4017
0,9	0,0359	0,1016	0,1675	0,2274	0,2803	0,3266	0,4020	0,4596	0,5042	0,5393
1,0	0,0950	0,1802	0,2560	0,3230	0,3820	0,4338	0,5193	0,5858	0,6380	0,6795
1,1	0,0369	0,1056	0,1760	0,2418	0,3016	0,3553	0,4461	0,5184	0,5763	0,6231
1,25	0,0153	0,0534	0,1055	0,1592	0,2135	0,2633	0,3540	0,4300	0,4930	0,5454
1,5	0,0066	0,0252	0,0535	0,0879	0,1259	0,1644	0,2434	0,3152	0,3791	0,4349
2,0	0,0025	0,0098	0,0216	0,0374	0,0564	0,0781	0,1265	0,1781	0,2297	0,2792
2,5	0,0013	0,0053	0,0117	0,0206	0,0317	0,0446	0,0751	0,1102	0,1478	0,1865
3,0	0,0008	0,0033	0,0074	0,0130	0,0202	0,0287	0,0493	0,0738	0,1013	0,1307
4,0	0,0005	0,0018	0,0039	0,0070	0,0107	0,0151	0,0260	0,0392	0,0541	0,0701

Tabelle IV.

Werte von $\frac{\Psi}{c}$ für die Quellstrecke mit linear zunehmender Ergiebigkeit pro Längeneinheit.

y	0,1	0,2	0,3	0,4	0,5	0,6	0,8	1,0	1,2	1,4
x = — 5	— 0,0001	— 0,0005	— 0,0013	— 0,0023	— 0,0041	— 0,0060	— 0,0099	— 0,0156	— 0,0220	— 0,0338
— 2	— 0,0007	— 0,0029	— 0,0062	— 0,0114	— 0,0178	— 0,0250	— 0,0431	— 0,0651	— 0,0893	— 0,117
— 1	— 0,0020	— 0,0076	— 0,017	— 0,0294	— 0,0445	— 0,0623	— 0,1034	— 0,1483	— 0,1954	— 0,240
— 0,5	— 0,0043	— 0,0177	— 0,0375	— 0,0613	— 0,0905	— 0,1212	— 0,1873	— 0,2534	— 0,3144	— 0,3668
— 0,25	— 0,0076	— 0,0299	— 0,0615	— 0,0991	— 0,141	— 0,1842	— 0,2682	— 0,3413	— 0,4079	— 0,4642
0	— 0,028	— 0,0726	— 0,134	— 0,1865	— 0,239	— 0,2863	— 0,3898	— 0,4673	— 0,530	— 0,5824
0,1	— 0,0356	— 0,0958	— 0,1614	— 0,2258	— 0,2860	— 0,3411	— 0,4358	— 0,5102	— 0,5704	— 0,6214
0,25	— 0,0402	— 0,108	— 0,1793	— 0,2533	— 0,3073	— 0,3601	— 0,445	— 0,5113	— 0,5618	— 0,6020
0,5	— 0,0363	— 0,0935	— 0,1479	— 0,1592	— 0,2333	— 0,265	— 0,3131	— 0,345	— 0,369	— 0,3880
0,75	— 0,0150	— 0,0204	— 0,0136	— 0,0031	0,0065	0,019	0,0373	0,0505	0,0586	0,0632
0,9	0,0359	0,1073	0,1755	0,0230	0,2763	0,3127	0,3663	0,410	0,4379	0,4591
1,0	0,165	0,2877	0,3833	0,4592	0,5212	0,5713	0,6488	0,7038	0,744	0,7770
1,1	0,0608	0,1626	0,2587	0,3379	0,4078	0,4676	0,5548	0,6241	0,6757	0,7169
1,25	0,022	0,0815	0,1482	0,2144	0,2784	0,3419	0,4373	0,5198	0,5767	0,6262
1,5	0,008	0,0333	0,0718	0,1153	0,164	0,2125	0,2995	0,376	0,445	0,5092
2,0	0,003	0,012	0,0262	0,0454	0,0677	0,934	0,1496	0,2079	0,2645	0,3179
3,0	0,0008	0,0037	0,0084	0,0146	0,023	0,0324	0,0555	0,0825	0,1133	0,1444
6,0	0,0003	0,0009	0,002	0,0031	0,0049	0,0069	0,0111	0,0168	0,0242	0,0280

Tabelle V.

Druckverteilung an Modell I.

Loch Nr.	x mm	y mm	p mm WS.	$\frac{p}{h_0}$	Loch Nr.	x mm	y mm	p mm WS.	$\frac{p}{h_0}$
1	0	0	5,78	1,00	35	531	82,2	— 0,422	— 0,073
2	0,6	10	5,62	0,971	36	552	80	— 0,385	— 0,067
3	1,8	17	5,26	0,908	37	573	78	— 0,279	— 0,048
4	3,4	23	4,72	0,813	38	593	75,8	— 0,328	— 0,057
5	5,8	29,8	3,98	0,69	39	613	73,4	— 0,241	— 0,042
6	8,4	35,2	3,38	0,585	40	634,4	70,6	— 0,162	— 0,028
7	12,6	41,8	2,49	0,430	41	655	68	— 0,127	— 0,022
8	16,6	46,8	1,75	0,303	42	674	65,6	— 0,125	— 0,022
9	21,4	52,4	0,66	0,114	43	694	63,2	— 0,056	— 0,01
10	26,4	57,2	— 0,17	— 0,029	44	714	60,6	— 0,065	— 0,011
11	32,6	62	— 0,57	— 0,099	45	733	58,2	— 0,04	— 0,007
12	39,5	66,2	— 0,94	— 0,162	46	755	55,6	— 0,038	— 0,007
13	47	70,2	— 1,23	— 0,213	47	772	53,0	— 0,056	— 0,01
14	53,8	73,9	— 1,43	— 0,247	48	795	50,2	— 0,089	— 0,015
15	71	80,2	— 1,74	— 0,301	49	814	47,7	0	0
16	88,8	86	— 1,87	— 0,324	50	835	44,8	0,044	0,008
17	108	89,4	— 1,91	— 0,330	51	853	42,4	0,059	0,01
18	127,6	92,6	— 1,81	— 0,313	52	873	39,6	0,071	0,012
19	148,4	94,9	— 1,74	— 0,301	53	893	37,0	0,069	0,012
20	168,8	96,3	— 1,66	— 0,287	54	913	34,2	0,087	0,015
21	192	97,0	— 1,36	— 0,235	55	932	31,4	0,146	0,025
22	213,5	97,2	— 1,23	— 0,213	56	952	28,5	0,177	0,031
23	236,4	97,2	— 1,12	— 0,194	57	972	26,0	0,170	0,029
24	258,4	96,9	— 1,01	— 0,175	58	992	23,0	0,189	0,033
25	282,2	96,2	— 0,89	— 0,153	59	1011	20,4	0,202	0,035
26	306,6	95,6	— 0,80	— 0,138	60	1030	17,9	0,201	0,035
27	330,4	94,7	— 0,81	— 0,140	61	1049	15,3	0,184	0,032
28	352	94,0	— 0,74	— 0,128	62	1069	12,8	0,193	0,033
29	373	93,3	— 0,76	— 0,132	63	1089	10,0	0,186	0,032
30	425	90,8	— 0,583	— 0,101	64	1109	7,1	0,183	0,032
31	446,4	89,2	— 0,59	— 0,102	65	1125	5,0	0,184	0,032
32	468	87,7	— 0,426	— 0,074	66	1138	3,2	0,180	0,031
33	489	86	— 0,381	— 0,066	67	1150	1,8	0,180	0,031
34	510	84,3	— 0,483	— 0,084	68	1155	0	0,180	0,031

Tabelle VI.

Druckverteilung an Modell II.

Loch Nr.	x mm	y mm	p mm WS.	$\frac{p}{h_0}$	Loch Nr.	x mm	y mm	p mm WS.	$\frac{p}{h_0}$
1	0	0	5,85	1,00	29	504	81,6	— 0,406	— 0,069
2	0,8	9,6	5,59	0,955	30	524	79,9	— 0,398	— 0,068
3	3,2	20	4,98	0,851	31	545	78,1	— 0,404	— 0,069
4	8,0	31,5	4,00	0,684	32	565	76,6	— 0,371	— 0,064
5	14,7	43,3	2,56	0,437	33	585	75	— 0,300	— 0,051
6	24,5	55	0,93	0,159	34	605	73,4	— 0,294	— 0,05
7	38	66,9	— 0,352	— 0,06	35	625	71,9	— 0,297	— 0,051
8	53,4	76,7	— 1,593	— 0,272	36	658	69	— 0,304	— 0,052
9	70,4	84,4	— 2,62	— 0,448	37	683	67	— 0,301	— 0,052
10	89,0	90	— 2,86	— 0,489	38	706	65,9	— 0,302	— 0,052
11	108,6	93,6	— 2,75	— 0,47	39	731	62,6	— 0,314	— 0,054
12	129	95,5	— 2,153	— 0,368	40	754	60,3	— 0,285	— 0,049
13	151	96,9	— 1,77	— 0,302	41	777	57,7	— 0,248	— 0,042
14	173,3	97,3	— 1,52	— 0,26	42	800	55,1	— 0,229	— 0,039
15	195,2	97,3	— 1,38	— 0,236	43	824	52,2	— 0,202	— 0,035
16	218	97,2	— 1,16	— 0,198	44	849	49,1	— 0,249	— 0,043
17	241	96,9	— 1,06	— 0,181	45	874	45,8	— 0,198	— 0,034
18	264	96,1	— 0,96	— 0,164	46	899	42,1	— 0,223	— 0,038
19	287	95,2	— 0,87	— 0,149	47	923	38,3	— 0,177	— 0,03
20	309	94,2	— 0,70	— 0,120	48	945	34,1	— 0,099	— 0,017
21	346	92,0	— 0,568	— 0,097	49	965	30,0	— 0,016	— 0,003
22	364	90,9	— 0,545	— 0,093	50	985	25,1	0,103	0,018
23	384	89,6	— 0,474	— 0,081	51	1002	20,4	0,236	0,04
24	403	88,2	— 0,475	— 0,081	52	1016	15,7	0,372	0,064
25	423	87	— 0,474	— 0,081	53	1027	11,0	0,543	0,093
26	442	85,9	— 0,43	— 0,074	54	1035	5,7	0,644	0,11
27	463	84,3	— 0,347	— 0,059	55	1038	0	0,669	0,114
28	482	83	— 0,368	— 0,063					

Tabelle VII.

Druckverteilung an Modell III.

Loch Nr.	x mm	y mm	p mm WS.	$\frac{p}{h_0}$	Loch Nr.	x mm	y mm	p mm WS.	$\frac{p}{h_0}$
1	0	0	5,77	1,00	25	514	82,8	— 0,305	— 0,053
2	0,8	10	5,50	0,951	26	542	81,4	— 0,312	— 0,055
3	3,8	21,2	5,05	0,874	27	567	80,2	— 0,29	— 0,05
4	9,6	33,6	3,27	0,565	28	594	79	— 0,29	— 0,05
5	17,5	45,2	1,82	0,315	29	620	77,2	— 0,318	— 0,055
6	30,9	57,6	— 0,129	— 0,022	30	647	75,4	— 0,324	— 0,056
7	46,5	66,8	— 1,423	— 0,246	31	674	73,4	— 0,286	— 0,05
8	63,7	74	— 1,79	— 0,31	32	704	71	— 0,255	— 0,044
9	85,1	80,8	— 2,11	— 0,365	33	731	69	— 0,277	— 0,048
10	106,3	84,6	— 1,94	— 0,335	34	765	66	— 0,422	— 0,073
11	130,5	86,8	— 1,496	— 0,259	35	798	62,6	— 0,397	— 0,069
12	155,9	88,2	— 1,247	— 0,216	36	822	60,2	— 0,296	— 0,051
13	182,3	89	— 0,983	— 0,17	37	853	56,4	— 0,318	— 0,055
14	208,1	89,4	— 0,747	— 0,129	38	883	52,5	— 0,239	— 0,041
15	236	89,8	— 0,62	— 0,107	39	910	48,2	— 0,236	— 0,041
16	265	89,8	— 0,57	— 0,099	40	936	44,2	— 0,120	— 0,021
17	294	89,6	— 0,545	— 0,094	41	961	39,4	— 0,057	— 0,01
18	322	89,2	— 0,539	— 0,093	42	985	34,2	0,028	0,005
19	351	88	— 0,447	— 0,077	43	1008	27,6	0,255	0,044
20	384	87,7	— 0,485	— 0,084	44	1029	20,4	0,504	0,087
21	409	87	— 0,387	— 0,067	45	1044	13,6	0,696	0,12
22	435	86,2	— 0,340	— 0,059	46	1055	6,0	0,806	0,14
23	461	85	— 0,369	— 0,064	47	1057	0	0,820	0,142
24	487	84	— 0,284	— 0,049					

Tabelle VIII.

Druckverteilung an Modell IV.

Loch Nr.	x mm	y mm	p mm WS.	$\frac{p}{h_0}$	Loch Nr.	x mm	y mm	p mm WS.	$\frac{p}{h_0}$
1	0	0	5,71	1,00	27	568	89,5	— 0,788	— 0,137
2	2,6	11	4,78	0,83	28	593	88	— 0,765	— 0,133
3	9,8	21,4	2,68	0,467	29	618	86,2	— 0,764	— 0,133
4	21,8	31	1,38	0,24	30	643	84,2	— 0,744	— 0,130
5	36,6	39,6	0,561	0,098	31	666	81,8	— 0,679	— 0,118
6	53,2	46,6	0,08	0,014	32	692	78,9	— 0,597	— 0,104
7	70,2	53	— 0,147	— 0,026	33	717	76,0	— 0,508	— 0,089
8	89,3	58,9	— 0,335	— 0,058	34	740	74	— 0,467	— 0,081
9	109,6	64,5	— 0,546	— 0,095	35	764	69,7	— 0,415	— 0,072
10	130	69,5	— 0,578	— 0,101	36	797	65,1	— 0,344	— 0,06
11	152,6	74,1	— 0,757	— 0,132	37	820	61,5	— 0,32	— 0,056
12	175,8	78	— 0,864	— 0,15	38	842	57,7	— 0,264	— 0,046
13	200	81,5	— 0,855	— 0,149	39	863	54	— 0,233	— 0,041
14	227,2	84,9	— 0,914	— 0,159	40	884	50,2	— 0,112	— 0,02
15	252,4	87,3	— 0,934	— 0,163	41	906	46,4	0,041	0,072
16	279,8	89,6	— 0,946	— 0,165	42	926	42,5	0,164	0,029
17	308	91,5	— 0,905	— 0,158	43	948	38,6	0,212	0,037
18	335	93	— 1,00	— 0,174	44	970	34,7	0,230	0,04
19	362	93,7	— 0,951	— 0,166	45	992	30,5	0,273	0,048
20	391	94	— 0,824	— 0,144	46	1013	26,6	0,301	0,053
21	415	94	— 0,824	— 0,144	47	1033	22,9	0,319	0,057
22	439	93,7	— 0,778	— 0,137	48	1051	18,5	0,345	0,06
23	464	93,3	— 0,795	— 0,139	49	1067	16,3	0,350	0,061
24	490	92,5	— 0,782	— 0,136	50	1084	13,2	0,340	0,059
25	515	91,9	— 0,759	— 0,132	51	1100	10,1	0,353	0,062
26	541	91	— 0,775	— 0,135	52	1128	4,9	0,398	0,069

Tabelle IX.

Druckverteilung an Modell V.

Loch Nr.	x mm	y mm	p mm WS.	$\frac{p}{h_0}$	Loch Nr.	x mm	y mm	p mm WS.	$\frac{p}{h_0}$
1	0	0	5,77	1,00	26	554	88,4	— 0,557	— 0,097
2	3,5	12	4,21	0,73	27	579	87,4	— 0,582	— 0,101
3	14,6	25	1,92	0,333	28	606	86,4	— 0,554	— 0,096
4	29,7	35	0,76	0,132	29	633	84,8	— 0,541	— 0,094
5	47	43,2	0,223	0,039	30	658	82,8	— 0,453	— 0,079
6	64,7	50,2	— 0,0314	— 0,005	31	683	81,1	— 0,487	— 0,085
7	83,5	56,2	— 0,192	— 0,033	32	724	78	— 0,481	— 0,083
8	103,4	61,9	— 0,472	— 0,082	33	748	75,7	— 0,487	— 0,085
9	124,1	66,9	— 0,525	— 0,091	34	773	73,3	— 0,494	— 0,086
10	146,5	71,1	— 0,598	— 0,104	35	800	70,4	— 0,466	— 0,081
11	170,5	75,1	— 0,67	— 0,116	36	826	67,6	— 0,44	— 0,076
12	193,3	78,4	— 0,686	— 0,119	37	850	64,6	— 0,418	— 0,073
13	215,1	81,4	— 0,658	— 0,114	38	876	61,1	— 0,321	— 0,056
14	239	84	— 0,774	— 0,134	39	900	57,2	— 0,318	— 0,055
15	264	86	— 0,805	— 0,140	40	922	53,3	— 0,267	— 0,046
16	289	87,7	— 0,828	— 0,144	41	945	48,6	— 0,204	— 0,035
17	314	88,8	— 0,623	— 0,108	42	967	43,6	— 0,192	— 0,033
18	339	90	— 0,639	— 0,111	43	988	38,3	— 0,085	— 0,015
19	376	90,7	— 0,682	— 0,118	44	1005	33,2	0,167	0,029
20	403	91	— 0,682	— 0,118	45	1021	27,1	0,393	0,068
21	429	91	— 0,554	— 0,096	46	1034	20,5	0,55	0,095
22	455	90,6	— 0,588	— 0,102	47	1045	13,6	0,692	0,120
23	481	90,2	— 0,563	— 0,098	48	1052	6,7	0,752	0,130
24	505	89,8	— 0,525	— 0,091	49	1054	0	0,695	0,121
25	527	88,4	— 0,497	— 0,086					

Tabelle X.

Druckverteilung an Modell VI.

Loch Nr.	x mm	y mm	p mm WS.	$\frac{p}{h_0}$	Loch Nr.	x	y	p mm WS.	$\frac{p}{h_0}$
1	0	0	5,81	1,00	25	525	94,8	— 0,761	— 0,131
2	7,5	5	2,545	0,438	26	554	93,5	— 0,73	— 0,126
3	22	10,5	2,04	0,351	27	584	92	— 0,698	— 0,120
4	38,5	17	1,69	0,281	28	615	89,9	— 0,692	— 0,119
5	57,5	24,0	1,52	0,261	29	646	87,4	— 0,648	— 0,112
6	77	31	1,24	0,213	30	682	84,1	— 0,572	— 0,098
7	96,2	38	1,051	0,181	31	713	80,8	— 0,478	— 0,082
8	115	44,2	0,871	0,150	32	742	78,2	— 0,352	— 0,061
9	133	50,8	0,651	0,112	33	772	73,1	— 0,333	— 0,057
10	151,8	56,9	0,362	0,063	34	808	68,6	— 0,362	— 0,062
11	172	62,9	0,054	0,009	35	836	64,2	— 0,28	— 0,048
12	192	68,4	— 0,208	— 0,036	36	863	59,9	— 0,305	— 0,053
13	213,2	73,8	— 0,478	— 0,082	37	891	55,1	— 0,05	— 0,009
14	235	78,6	— 0,673	— 0,116	38	919	50,4	0,113	0,02
15	256,8	82,8	— 0,74	— 0,127	39	949	45,2	0,161	0,028
16	280	86,2	— 0,868	— 0,149	40	977	40,1	0,204	0,035
17	304	89,4	— 0,925	— 0,159	41	1006	35	0,277	0,048
18	330	92	— 0,944	— 0,162	42	1036	29,4	0,296	0,051
19	357	94	— 0,985	— 0,170	43	1067	23,9	0,296	0,051
20	382	95	— 0,912	— 0,157	44	1095	18,5	0,381	0,066
21	413	95,6	— 0,846	— 0,146	45	1125	13	0,409	0,071
22	438	96	— 0,855	— 0,147	46	1153	7,6	0,421	0,073
23	467	96	— 0,871	— 0,150	47	1175	3,4	0,434	0,075
24	496	95,6	— 0,793	— 0,136	48	1186	0	0,472	0,081

Tabelle XI.

Widerstand der Aufhängung.

Reglerstellung	20	40	60	80	100	120	140
Mit 1 Spanndraht	0,85	1,99	3,15	4,3	5,5	6,7	7,96 g
Mit 2 Spanndrähten	1,01	2,23	3,60	4,95	6,26	7,68	9,23 g
Ohne Spanndrähte	0,72	1,67	2,65	3,66	4,70	5,72	6,78 g

Tabelle XII.

Widerstand von Modell I.

Reglerstellung	V m/sec	W gemessen g	W korrigiert g	ξ	W_1 berechnet g	W_2 g
10	1,97	0,67	0,70	0,0214	0,31	0,39
20	3,11	1,50	1,62	0,0199	0,77	0,85
30	3,86	2,60	2,37	0,0190	1,25	1,12
40	4,71	3,40	3,42	0,0183	1,76	1,66
50	5,38	4,2	4,34	0,0178	2,30	2,04
60	5,99	5,15	5,28	0,0175	2,85	2,43
70	6,55	6,20	6,26	0,0174	3,40	2,86
80	7,1	7,20	7,27	0,0171	4,00	3,27
90	7,58	8,17	8,22	0,0170	4,56	3,66
100	8,04	9,16	9,18	0,0169	5,13	4,05
110	8,51	10,17	10,24	0,0168	5,75	4,49
120	8,96	11,17	11,33	0,0167	6,38	4,95
130	9,38	12,34	12,33	0,0166	6,98	5,35
140	9,81	13,46	13,35	0,0165	7,64	5,71

Tabelle XIII.

Widerstand von Modell II.

Reglerstellung	V m/sec	W gemessen g	W korrigiert g	ξ	W_1 berechnet g	W_2 g
10	1,97	0,85	0,85	0,026	0,35	0,5
20	3,11	1,77	1,93	0,0237	0,86	1,07
30	3,86	2,87	2,85	0,0228	1,40	1,45
40	4,71	4,23	4,08	0,0219	1,98	2,10
50	5,38	5,09	5,20	0,0214	2,58	2,62
60	5,99	6,37	6,34	0,021	3,21	3,13
70	6,55	7,57	7,50	0,0208	3,82	3,68
80	7,10	8,72	8,71	0,0205	4,50	4,21
90	7,58	9,81	9,93	0,0205	5,13	4,80
100	8,04	11,09	11,08	0,0203	5,77	5,31
110	8,51	12,37	12,38	0,0203	6,47	5,91
120	8,96	13,80	13,72	0,0203	7,18	6,54
130	9,38	15,03	15,0	0,0203	7,85	7,15
140	9,81	16,17	16,28	0,0201	8,60	7,68

Tabelle XIV.

Widerstand von Modell III.

Reglerstellung	V m/sec	W gemessen g	W korrigiert g	ξ	W_1 berechnet g	W_2 g
10	1,97	0,88	0,76	0,0232	0,34	0,42
20	3,11	1,76	1,77	0,0217	0,86	0,91
30	3,86	2,83	2,58	0,0206	1,39	1,19
40	4,71	3,68	3,75	0,0201	1,96	1,79
50	5,38	4,91	4,79	0,0197	2,56	2,23
60	5,99	5,88	5,88	0,0195	3,18	2,70
70	6,55	6,89	6,97	0,0193	3,79	3,18
80	7,10	8,28	8,13	0,0192	4,46	3,67
90	7,58	9,26	9,24	0,0191	5,08	4,16
100	8,04	10,39	10,35	0,0190	5,72	4,63
110	8,51	11,70	11,62	0,0191	6,41	5,21
120	8,96	12,92	12,88	0,0190	7,11	5,77
130	9,38	14,25	14,12	0,0191	7,78	6,34
140	9,81	15,36	15,30	0,0189	8,51	6,79

Tabelle XV.

Widerstand von Modell IV.

Reglerstellung	V m/sec	W gemessen g	W korrigiert g	ξ	W_1 berechnet g	W_2 g
10	1,97	0,69	0,58	0,0178	0,27	0,31
20	3,11	1,46	1,42	0,0174	0,66	0,76
30	3,86	2,36	2,13	0,0166	1,08	1,05
40	4,71	3,05	3,04	0,0163	1,52	1,52
50	5,38	3,88	3,80	0,0156	1,98	1,82
60	5,99	4,56	4,56	0,0151	2,46	2,10
70	6,55	5,50	5,32	0,0147	2,94	2,38
80	7,10	6,16	6,08	0,0143	3,46	2,62
90	7,58	6,83	6,81	0,0141	3,94	2,87
100	8,04	7,52	7,51	0,0138	4,44	3,07
110	8,51	8,24	8,28	0,0136	4,97	3,31
120	8,96	8,96	9,04	0,0133	5,51	3,53
130	9,38	9,75	9,77	0,0132	6,03	3,74
140	9,81	10,44	10,54	0,0130	6,60	3,94

Tabelle XVI.

Widerstand von Modell V.

Reglerstellung	V m/sec	W gemessen g	W korrigiert g	ξ	W_1 berechnet g	W_2 g
10	1,97	0,76	0,65	0,0199	0,28	0,37
20	3,11	1,57	1,54	0,0189	0,69	0,85
30	3,86	2,54	2,28	0,0183	1,12	1,16
40	4,71	3,38	3,25	0,0174	1,59	1,66
50	5,38	4,24	4,09	0,0168	2,07	2,02
60	5,99	5,17	4,95	0,0164	2,57	2,38
70	6,55	6,04	5,80	0,0161	3,07	2,73
80	7,10	6,79	6,67	0,0157	3,61	3,06
90	7,58	7,53	7,49	0,0155	4,11	3,38
100	8,04	8,36	8,29	0,0152	4,63	3,66
110	8,51	9,19	9,13	0,0150	5,19	3,94
120	8,96	9,85	9,93	0,0147	5,76	4,17
130	9,38	10,53	10,71	0,0145	6,30	4,41
140	9,81	11,20	11,55	0,0143	6,90	4,65

Tabelle XVII.

Widerstand von Modell VI.

Reglerstellung	V m/sec	W gemessen g	W korrigiert g	ξ	W_1 berechnet g	W_2 g
10	1,97	0,75	0,61	0,0187	0,30	0,31
20	3,11	1,51	1,47	0,0180	0,75	0,72
30	3,86	2,35	2,19	0,0176	1,22	0,97
40	4,71	3,16	3,12	0,0167	1,73	1,39
50	5,38	3,92	3,90	0,0160	2,25	1,65
60	5,99	4,71	4,70	0,0156	2,79	1,91
70	6,55	5,54	5,47	0,0152	3,33	2,14
80	7,10	6,28	6,27	0,0148	3,92	2,35
90	7,58	6,96	7,03	0,0145	4,47	2,56
100	8,04	7,74	7,75	0,0142	5,03	2,72
110	8,51	8,52	8,53	0,0140	5,63	2,90
120	8,96	9,26	9,32	0,0138	6,25	3,07
130	9,38	9,91	10,05	0,0136	6,84	3,21
140	9,81	10,71	10,81	0,0134	7,49	3,32

Lebenslauf.

Ich, Georg Fuhrmann, evangelischer Konfession, bin am 27. Dezember 1883 als Sohn des Musikers Carl Fuhrmann zu Hannover geboren. Ich besuchte von Ostern 1890 ab die Leibnizschule zu Hannover, die ich Ostern 1902 nach bestandenem Abiturientenexamen verließ. Nach einem halben Jahre praktischer Tätigkeit bezog ich im Wintersemester 1902 die Technische Hochschule meiner Vaterstadt, um mich dem Studium der Elektrotechnik zu widmen, und bestand im Februar 1907 das Diplomexamen. Am 1. März 1907 kam ich nach Göttingen als Assistent zu Herrn Prof. Dr. L. Prandtl und war an der unter seiner Leitung stehenden Modellversuchsanstalt der Motorluftschiff-Studiengesellschaft zunächst bis Ende September 1910 tätig; während dieser Zeit war ich gleichzeitig an der Universität immatrikuliert. Von Herbst 1910 bis Herbst 1911 genügte ich meiner Militärpflicht in Hannover und kehrte dann in meine frühere Stellung nach Göttingen zurück.

Auch an dieser Stelle möchte ich meinem hochverehrten Lehrer und Chef, Herrn Prof. Dr. L. Prandtl, meinen herzlichsten Dank aussprechen für die überaus reiche Anregung, die ich bei ihm fand, und für das Interesse und die Förderung, die er der vorliegenden Arbeit zuteil werden ließ.
